Curved Fold Origami Design

曲線折り紙デザイン

曲線で折る7つの技法

三谷 純 MITANI Jun

日本評論社

はじめに

読者のみなさんの多くが，幼いころに折り紙を楽しんだ経験をお持ちのことでしょう．紙のカドとカド，または辺と辺をあわせて，まっすぐな線で平らに折ることが折り紙の基本です．みなさんも，「紙を好きなように折ってください」と言われたら，まずは平らに折ることから始めるでしょう．「折り目正しい」という言葉が礼儀正しい様子を表すものとして使われるように，紙はキッチリ折ることが基本であると広く認識されています．

しかしながら，紙は曲げることができます．曲げてできた曲面に折りを加えることで，曲線で折ることもできます．この「曲線で折る」という行為については，今まであまり注目されてきませんでしたが，そのことによって作り出される紙の表面は，幾何学的で美しい陰影を生み出します．著者はこれまでにコンピュータを使った計算によって，曲線で折ってできる形を設計することを行い，幾何学的な立体オブジェを数々作ってきました．そして，その方法を書籍『立体折り紙アート』(日本評論社, 2015)にまとめるなどしてきました．幸い多くの方に，曲線で折る折り紙の世界を知っていただき，そしてその世界に興味を持っていただくことができたように思っています．しかし，そこで再認識したことは，コンピュータを使った設計方法は，敷居が高く，気軽に手を出すことが難しい，という事実です．

曲線で折って形を作るために，コンピュータは必須なのでしょうか．私はコンピュータサイエンスの分野の研究者ではありますが，コンピュータで計算しなくてもできる曲線での折り紙に挑戦してみました．

紙はかなり自由な曲線で折ることができます．ですが，本当に自由自在に折れるわけではありません．実際，適当に描いた曲線では折ることができない場合がほとんどです．そのため，意匠性のある，見た目に美しい造形を得るためには，どのように折り線を配置したらよいかの知識が必要になります．

本書では，紙を曲線で折ることで，どのような形ができるかを，折り線のパターンとともに紹介します．その内容は，私自身が手を動かして紙と戯れた，楽しい実験の記録であるとも言えます．本書で紹介する曲線による折り線のパターンを組み合わせることで，さまざまな形を作り出せるようになることでしょう．紙が作り出す曲面の美しさを，多くの方と共有できることを願っています．

三谷 純

はじめに　001

序章　曲線を折るということ　005

0.1　紙を曲げてできる形　006

0.2　紙を折ってできる形　007

0.3　展開図　009

0.4　曲面上の直線エレメントの並び　010

0.5　どんな曲線でも折れる?　011

0.6　曲線で折る折り紙に関するこれまでの取り組み　012

綺麗に折るためのヒント　014

chapter 1　1本の曲線を折る　017

1.1　単純な曲線で折る　018

1.2　蛇行する曲線で折る　021

1.3　グニャグニャな線で折る　023

作例1　水芭蕉　026

作例2　波線を折って作る形　027

作例3　ト音記号　028

作例4　紙の編み込み　029

理論を知りたい人のために―1　直線エレメントと紙の幅　030

chapter 2　曲線を並べる　031

2.1　2つ並べて段折りする　032

2.2　たくさん並べる　034

2.3　反転して並べる　038

作例5　リング　042

作例6　波型の土手　043

作例7　さざ波の陰影　044

理論を知りたい人のために―2　折り線の山谷と紙の凹凸の関係　045

003 　目次

chapter 3　曲線を回転させて並べる　051

3.1　回転対称な構造を作る　052

3.2　中央を離す　054

3.3　渦巻きを並べる　055

作例8　スクリュー　057

作例9　渦巻のタイリング　058

作例10　三又ブーメランのタイリング　059

column 1　紙は本当に伸び縮みしない?　060

chapter 4　折り込む　061

4.1　一本の線を折り込む　062

4.2　複数の曲線に折り込みを行う　064

4.3　折り込みを繰り返す　064

作例11　山脈　066

作例12　フリーハンドで描く山脈　067

作例13　星の回転　068

理論を知りたい人のために―3　折り線は自由に交差できるか　069

chapter 5　円錐を折る　073

5.1　折り返しによって円錐を作る　074

5.2　くっついた状態の円錐を作る　076

5.3　円錐の一部を作る　078

作例14　花　081

作例15　枯山水 1　082

column 2　円錐の折り返し　083

理論を知りたい人のために―4　平らに折る折り紙, 立体的に折る折り紙　084

chapter 6 直線で折り返す 087

6.1 直線と曲線の折り線を組み合わせる 088

6.2 直線と曲線を交互に並べる 089

6.3 直線と曲線のペアを回転対称に並べる 091

作例16 球体 093

作例17 タマゴのラッピング 094

理論を知りたい人のために─5 鏡映反転による曲面の折り返し 095

chapter 7 その他の技法 097

7.1 突起とくぼみをつける 098

7.2 円柱を折る 099

7.3 互い違いに配置する 101

7.4 閉じた曲線で折る 103

作例18 円錐のレリーフ 105

作例19 曲線段折りのタイリング 106

作例20 ホイール 107

作例21 枯山水 2 108

作例22 円柱部品の変幻 109

作例23 四角形の橋渡し 110

作例24 円筒への彫刻 111

column 3 ホイップクリームの例 112

理論を知りたい人のために─6 曲線折りの数学 113

おわりに 122

参考文献 123

展開図のダウンロード

本書に掲載している折り紙作品の展開図データを次のURLからダウンロードできます.

https://www.nippyo.co.jp/kyokusen_origami/

展開図のデータは，DXF形式およびPDF形式で収録されています. データの使用方法および使用許諾の範囲などについては，上記のウェブページに記載の内容をご覧ください.

005　0　序章 曲線を折るということ

序章

曲線を折るということ

0.1 紙を曲げてできる形

はじめに「紙を曲げる」ことと,「紙を折る」ことの違いを理解しましょう. 紙を曲げるとは, とがった場所を作らずに, 図0-01の写真のように滑らかに全体の形を変えることを言います.

紙を曲げることで, 滑らかな曲面を作ることができます. ただし, 紙には元の状態に戻ろうとする力があるので, 指で挟んだりテープで留めたりしないと, 開いて平らな状態に戻ってしまいます. 最終的には, このような紙の力と固定された点の間でバランスが取れた形になります. 少し厚めの紙を使うことで, たわみのない, 張りのある美しい曲面が現れます.

紙は伸び縮みしないため, ゴム板のように自由自在に変形するわけではありません. 紙を曲げることで作れる曲面は, **円錐**の仲間, **円柱**の仲間, それともう1つ, **接線曲面**と呼ばれるものの3種類しかないことが知られています. これらは**可展面**と呼ばれます (詳しくは118ページで解説).

可展面には, 直線が集まってできた形である, という特徴があります. 図0-02に示した形も, 目には見えませんが, 直線が集まってできる形です. 表面に定規をピタッとあてることができます. 図0-03は, 3種類の可展面の例に対して, それを構成する直線を表示した様子です. 実際に紙を曲げて, その表面をよく観察すると, 直線がどのように含まれるか, おおよその推測ができるようになります. そして, この直線の向きを考えることが, 紙で曲面を作るうえで, とても重要なことなのです.

可展面には3種類しかないと書きましたが, 曲面と曲面, または曲面と平面を滑らかにつなぐことで, 図0-04のように, 複数の異なる種類の可展面が含まれる形を作ることができます. 例えば, 左側は円柱の仲間と平面が接続した形, 右側は円錐の仲間が

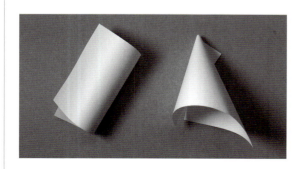

図0-01 | 紙を曲げた様子

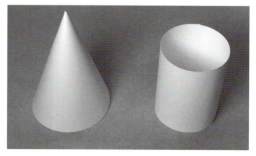

図0-02 | 紙を曲げて円錐と円柱を作った様子

 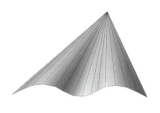 

図0-03 | 紙で作ることができる曲面は直線が集まってできている

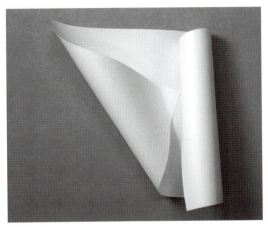 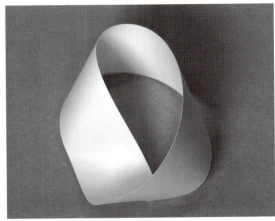

図0-04 | 紙を曲げるだけでさまざまな形を作れる（一部を固定しています）

複雑に接続した形であると推測できます．このように，紙を曲げるだけでもさまざまな形を作れます．

0.2 紙を折ってできる形

直線で折る

折ることによって，紙にとがった部分を作ることができます．例えば，紙の辺と辺を合わせ，中央付近を机に押し付けることで，まっすぐな線で半分に折ることができます．図0-05の左のように，紙を平らな状態に折ることは，すでに皆さんが日常生活の中でも普通に行っていることです．

この状態から紙を開いても，紙は折られた状態を記憶する性質を持っているので，折った線が鋭い角として残ります．開いて元に戻ろうとする性質と，折った状態を維持

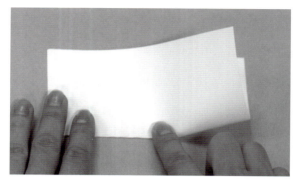 

図0-05 | 直線で紙を折る様子

しようとする性質のバランスで，図0-05の右のような，最終的な形が決まります．強く折ることで，より鋭角な尾根を作ることができます．このように直線に沿って折り，まっすぐなとがった尾根を作ることが，直線で紙を折る操作です．

曲線で折る

紙は曲線に沿って折ることもできます．その結果，図0-06のように**曲線の折り目**を作ることができます．机に押し付けて平らに折ると直線の折り目になってしまいますから，曲線の折り目を作るには，紙を空中に持ち上げて，全体を湾曲させながら折る必要があります．これが，曲線で紙を折るということです．

　曲線で折ると，折り目の両側に滑らかな曲面ができます．2つの曲面が，折り目でぴったり結合した状態とみなすことができます．直線で折ったときと同様に，紙は折った状態を記憶しますので，手を放しても，曲面を持った形が維持されます．紙が折り目を維持しようとする力と，平らな状態に戻ろうとする力のバランスが取れたところで，形が落

 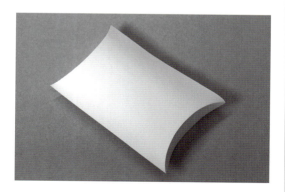

図0-06 | 曲線で紙を折る様子

図0-07 | 梱包用に用いられるピローケース

ち着きます。このようにバランスが取れた状態は滑らかで美しい形を生み出します。紙の一部を指でつまんだり、テープなどで固定することによって、また別の安定状態を作り出すこともできます。

　図0-07のような、商品の梱包に用いられる**ピローケース型**のパッケージを目にしたことがあると思います。これなどは、まさに曲線で紙を折ることを有効に活用した事例と言えます。

0.3
展開図

折り目を付けた紙を、開いて再び平らな状態に戻すと、折った跡が紙の上に残ります。この線を図に表したものを**展開図**と呼びます。

　展開図に含まれる折り目の跡を**折り線**と呼びます。折り線には、**山折り**と**谷折り**の2種類があります。文字通り、手前から見て山のように(凸になるように)折るのが山折りで、谷になるように(凹になるように)折るのが谷折りです。ひっくり返すと、山折りと谷折りが、入れ替わります。本書の展開図では、山折りを実線、谷折りを破線で表して区別するものとします。紙の輪郭は太い実線で示します。本書に掲載している展開図の折り線を別の紙にトレースし、その線に沿って折ることで、本書に掲載している写真の形を再現できます。

　注意が必要なのは、折り線には「どの程度折るか」という情報が含まれないことです。鋭い角度で折るのか、それとも、浅い角度で少しだけ折って平らに近い状態にするのか、展開図だけではわかりません。平らな状態に折りたたむのでしたら、折りの角度は180度に限定されるので、山か谷のどちらであるか区別できれば十分です。立体的な形を作る場合には、折りの角度によって、得られる形が異なります。しかしながら、折

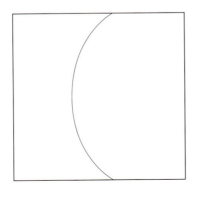 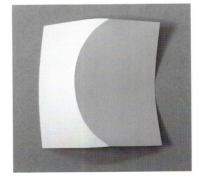

図0-08｜山折りの曲線を含む展開図と折った様子

りの程度を展開図で伝えるのはとても難しいので，本書では他の折り紙の書籍と同様に，山と谷の区別だけするようにします．どの程度折るかは，完成写真を参考にしてください．

　例として，先ほどのピローケースの展開図は図0-09のようになります．含まれる折り線はすべて山折りです．展開図と完成形の写真があれば，その形をある程度正確に再現できることがわかると思います．

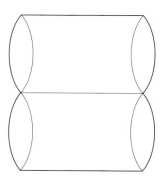

図0-09 | ピローケースの展開図

0.4 曲面上の直線エレメントの並び

紙を曲げてできる曲面は直線が集まってできる曲面であることを0.1節で述べました．曲面を構成する直線のことを，**直線エレメント**（または**母線**）と呼びます（英語ではrulingと表記されます）．紙を曲げて形を作るときには，この直線エレメントがどのように並ぶかを想像することが重要です．曲線の折り目がある場合，直線エレメントは折り目で向きを変えますが，図0-10に示すように，直線エレメントは交差することなく綺麗に並びます．一般に，折り目に対して直角に近い方向に直線エレメントが並ぶことが多いです．

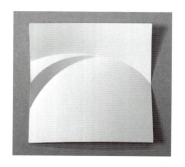 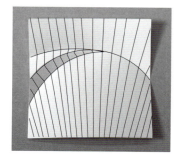

図0-10 | 曲線で折った形の写真に折り目と直線エレメントを描きこんだ様子

これとは逆に、直線エレメントが交差するような曲面は作れません。つまり、展開図を作ったり、実際に紙を折るときには、直線エレメントが交わらないように気を付ける必要があります。そうは言っても、事前に直線エレメントがどのように並ぶかを予測することは難しく、このことが曲線での折りを含む形の設計が難しい理由の1つです。

　しかしながら、紙を曲げてできる形には直線エレメントが乗る、ということだけでも知っていると、実際には作ることができない形を作ろうと苦労する前に、「この形は無理だな」ということに早い段階で気づくことができます。**「理論を知りたいひとのために2」**(045ページ)では、折り線の形と、できる形の凹凸について説明していますので、そちらも参考にしてください。

0.5 どんな曲線でも折れる？

実験として、紙の上に適当な曲線を描き、その線に沿って折ってみましょう。こうすることで、曲面を含む形を簡単に折り出すことができます。ところで、紙の上に描く曲線は、どのような形であっても大丈夫なのでしょうか。図0-08の例のようなシンプルな曲線は綺麗に折れますが、図0-11のようなグニャグニャした線では綺麗な形に折ることができません。複数の曲線がある場合、そしてさらに、それらが交差する場合、とがったカドがある場合では、ほとんどうまくいきません。

　試してみると、主に次のような曲線だと滑らかな曲面を持った形に折れないことがわかります。

- あまりにグニャグニャしているもの
- 途中でとまる線、輪のように閉じている線

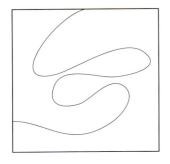 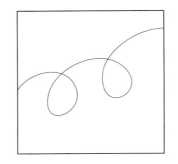 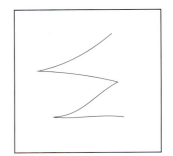

図0-11 | 綺麗に折ることができない折り紙

・曲線が複数あって，交差するようなもの
・うまくできそうな簡単な線の集まりでも，山折りと谷折りの付け方が適切でないもの

　このように，何の知識も持たずに適当に曲線を描いた場合，実際に折ろうとしても，曲面を持った立体を作れないことがほとんどです．複数の曲線を組み合わせる場合には，なおさら困難です．図0-12に示すような，幾何学的な凹凸が現れるような折りには，なにかルールがありそうな気がします．本書では，綺麗な形を作ることができる曲線の配置を，章に分けて紹介します．それらを組み合わせることで，今までの折り紙とは違う，曲線で折る折り紙をさまざまに作り出せるようになります．

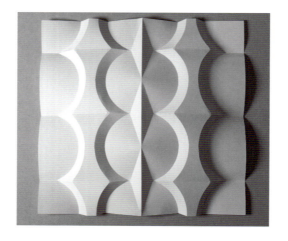

図0-12 | 曲線での折りを組み合わせて作った作品

0.6
曲線で折る折り紙に関するこれまでの取り組み

本書では，曲線で折る折り紙のデザイン方法を，数式を用いないで紹介することを目指しますが，紙が作る曲面に関する数学は多くの学者を魅了してきました．とくに，ハフマン符号の考案者として名の知れたコンピュータ科学者，デビッド・ハフマン(David Huffman, 1925-1999)氏の貢献は大きく，曲面を持った折り紙作品が彼の手によって数多く制作されてきました．図0-13の写真はハフマン・タワーとも呼ばれる，氏の代表的な作品の1つです(著者による再現)．ハフマン氏のデザインのアプローチは，数学者であるエリック・デメイン(Erik Demaine)氏を中心に解析されています．エリック・デメイン氏は，彼の父親であるマーチン・デメイン(Martin Demaine)氏とともに，7.4節で紹介し

ている，閉じた曲線を折る技法を活用した，曲線折り彫刻(Curved-Crease Sculpture)の作品を多数発表しています．また，やはりコンピュータ科学者であるロン・レッシュ(Ron Resch, 1939-2009)氏も，紙を折ることで作られる曲面に早くから注目し，コンピュータを用いた形状設計を行ってきました．

建築家のロイ・イワキ(Roy T. Iwaki, 1935-2010)氏は，生き生きとした動物のマスクを1枚の紙から立体的に折り出した作品を発表し，その技法を『THE MASK UNFOLD』(2010)という冊子にまとめています．この冊子では，目的の形を作り出すために，どのように曲線を配置すればよいか，具体的なノウハウが紹介されています．

近年では，世界中の折り紙愛好家が，それぞれの創作物をFlickr[*1]やInstagram[*2]などに発表しています．その中には，曲線での折り紙作品も多数見られます．"curved fold"をキーワードに検索すると，たくさんの作品を見つけることができるでしょう．

学術分野においても，曲線での折り紙の幾何学，設計，シミュレーションに関する研究が盛んに行われています．約4年に一度のペースで開催されている，折り紙の国際会議(International Meeting on Origami in Science, Mathematics and Education)でも，曲線で折る折り紙はホットな話題となっています．近い将来には，曲線での折りを含む折り紙が，よりいっそう普及することが期待されます．

本書では，これらの資料や文献などに基づく内容と，著者が実際に手を動かし経験を積む中で見出したノウハウなどを，わかりやすく整理することで，読者の皆さんが気軽に曲線折り紙の創作に取り組んでいただけることを目指しています．

*1　https://www.flickr.com/
*2　https://www.instagram.com/

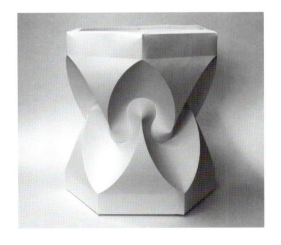

図0-13 | ハフマン・タワー(著者による再現)

綺麗に折るためのヒント

この章の最後に，本書で紹介している折り紙を上手に制作するためのヒントを紹介します．

使用する紙

適切な紙を使うことは，とても重要です．少し厚めで，折った状態をよく覚えてくれる紙を選ぶようにしましょう．また，表面の質感も見た目には大きな影響を与えます．手軽に手に入るものとして，**タント紙**を使うことをお勧めします．紙の厚さはkgで表すことが一般的で，100kg前後のものがちょうどよいでしょう．本書で紹介している写真の作品は，すべて100kgのタント紙で作られています．

使用する道具

何も道具を使わないで済むことが折り紙の大きな利点ですが，曲線を綺麗に折るためには，いくつか道具があると便利です．これから紹介するものをすべてそろえる必要はありませんが，これらをうまく使うことで，本書に掲載している写真のような例題と作品を綺麗に作ることができます．

- 直線定規，曲線定規（雲形定規）

  滑らかな曲線や直線を描いたり，折り筋を付けたりするために使います．
- 鉄筆

  折り目を事前に付けるために使用します．インクの出なくなったボールペンなど先のとがった硬いもので代用できます．
- ハサミ，カッター

  紙を必要な大きさに切り出すために使用します．
- カッティングマット

  カッターや鉄筆を使用する際に，紙の下に敷きます．
- ボンド，セロテープ

  紙を折った状態で安定させるために，一部を固定する目的で使用します．
- カッティングプロッタ

  パソコンにつなげて制御する，紙を切る機械です．展開図がAdobe Illustratorなどのファイル形式で入手できる場合に，折り筋を付ける目的でも使用できます．

0

015 序章 曲線を折るということ

展開図の入手

本書では，曲線で折って形を作るための基本的な説明と，そこで説明した技法を組み合わせた作品例の紹介を行っています．基本的な形の説明では，簡単な展開図とともに，折ったあとの様子の写真を掲載しています．この展開図と同じものを正確に再現する必要はありませんので，曲線定規を使うなどして，本書に掲載しているものと類似する曲線を描くようにしましょう．

作品例の展開図については，コピー機で厚手の紙に複写してから作っていただいても結構ですし，インターネットで公開している展開図のデータをダウンロードしてからプリンタで印刷していただいても結構です．ダウンロードするためのURLについては，004ページをご覧ください．展開図の大きさはA4サイズ程度にすると作りやすいでしょう．

本書に掲載している作例のすべての展開図を公開していますので，興味のある形がありましたら，ぜひ挑戦してみてください．

折り筋をつける

本書で紹介している折り紙は，一般的な折り紙書籍で紹介されているものと大きく異なり，曲線で折ることを基本としています．慣れるまでは思うように作り上げることができないかもしれません．それでも，根気よく何度もチャレンジすることで，きっと満足のいくものができるようになるでしょう．

作品を綺麗に仕上げるためには，折り線の位置に，事前に折り筋をしっかりつけておくことが重要です．折り筋をつけずに，いきなり意図した通りの場所で紙を折ることは無理な話です．折り筋を綺麗につけられないと，そのあとに続く折りの工程が綺麗にできないですから，折り筋をつける工程が，制作の中で最も重要な工程だと言えます．

自動的に紙をカットする機械である**カッティングプロッタ**を使うことができるのであれば，綺麗な折り筋を自動で付けることができます．カッターの刃の出具合や圧力を調整して，表面を軽くなぞるように薄くカットすることで折り筋を付けることができます．例えば，本書の執筆時現在では，グラフテック社の小型カッティングマシンであるSilhouette CAMEOは手ごろな価格で入手でき，A4サイズ（またはLetterサイズ）までの紙を扱うことができます．大きな作品を制作する場合には，A3サイズまで対応したプロッタ（例えばCraftROBO-PRO）を使用するのもよいでしょう．

カッティングプロッタを使用できない場合は，鉄筆などの先が堅く尖った道具で，折り線を強くなぞって筋を付けます．直線の折り筋を付けるには定規があれば十分ですが，曲線の折り筋を付けるのは，なかなか大変です．それでも，フリーハンドで折り筋を付けるのはできるだけや

めましょう. 曲線定規をあてて線を引くのでもよいですが, 展開図に含まれる曲線は同じものが複数あることが多いので, その部分を一度厚紙で切り出して, それを専用定規として使用するのが一番です.

折り工程

折り筋を綺麗に付けられたなら, 綺麗に仕上げることの半分以上は達成できたと言っていいでしょう. 続く, 折りの工程ですが, やはり慣れるまでは曲線を綺麗に折るのは難しい作業です. 紙を半分に折るときのように, 机の上に乗せてパタンと折ると直線になってしまいますから, 曲線を折るときには空中に紙を持ち上げ, 両手でささえながら紙を曲げて, 目的の折りを加えます. 紙が折りの状態を覚えてくれるよう, できるだけシャープに折ります.

　余計な折り跡を付けてしまわないように, 必要なところだけを折るように, 十分気を付けましょう. 展開図が小さすぎると作りにくい原因になりますが, 逆に大きすぎる場合も作りにくくなります. ちょうど両手を使って全体をコントロールできるように, 展開図の大きさを調整してみるのも1つの方法です.

仕上げ作業

折り紙に「ノリ付け」はご法度かもしれませんが, 最終的にできた形を安定させるためには, 必要に応じてノリ付けを行いましょう. 紙をちょうど意図した角度で折るのは難しいですし, その角度のままずっと安定していてはくれません. 木工用ボンドや両面テープなどを使って固定することで, 全体を安定させることができます.

撮影

綺麗に仕上がった作品は, ぜひ写真に撮りましょう. 好みにもよりますが, 白い紙で作って, その陰影で立体感を表現すると白と黒の濃淡が美しい写真が撮れます. 照明の位置をいろいろ変えて試してみましょう. 裏側から見ることで, 印象ががらりと変わることもあります.

　以上が, 綺麗な作品を作り上げるためのコツです. 繰り返しになりますが, 本書で紹介している折り紙は, 普通の折り紙とは一風変わったものばかりです. 諦めずに何度も挑戦すると, 次第に綺麗にできるようになるでしょう. ぜひ, 実際に手を動かしてみて, 紙を折ることの楽しさを体感してみてください.

chapter 1

1本の曲線を折る

最初の一歩として，1本だけの曲線を折ることで，どのような形ができるか試してみましょう．これまでに，まっすぐな線でしか紙を折ったことがない方もいることでしょう．そのような方にとって，曲線で折る，ということは新しく楽しい体験になるはずです．そして，1本の曲線だけでもさまざまな形ができることに，きっと驚くことでしょう．

1.1 単純な曲線で折る

まずは単純な曲線で折ってみましょう．単純な曲線とは，記号の丸括弧「(」のように右なら右，左なら左と，一方向に曲がる曲線のことを言います．アルファベットのS字のように進行方向が途中で変わるようなものは含みません．

それではさっそく，紙に図1-01に示すような曲線を描いて，その線に沿って折ってみましょう．折り筋をつけるために，ボールペンなどの先の硬いもので強く曲線を描きましょう．曲線定規を使うと滑らかな曲線を描けますが，最初はフリーハンドでも構いません．

図1-01では，紙の輪郭線を太い実線で，折り目となる曲線を細い実線で描いています．実線で示された折り目は山に折るのでしたね．谷に折っても構わないのですが，展開図を理解する練習として，まずは図が示す通り，山折りにしてみましょう．

曲線で折るという操作は，紙を机の上に平らに置くのではなく，空中に持ち上げて全体を曲げることから始めます．両手で紙を持ち，紙を湾曲させながら折り目をつけていきます．平らに押し付けると，折り線はすべて直線になってしまいますから注意しましょう．折り筋がしっかりついていれば，少しの力を加えるだけで綺麗に折れるはずです．

皺ができないように，折り線と関係ないところに折り目ができないように心がけましょう．折ることができたら，折り線を挟んで一方が手前に盛り上がり，他方が凹んだ状態になります．図1-03のような形ができたら，手に持って照明の当たる向きを変えてみ

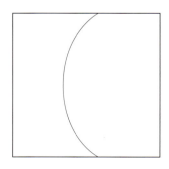

図1-01 | 単純な曲線を含む展開図

図1-02 | 全体を湾曲させながら曲線を折っている様子

1 1本の曲線を折る

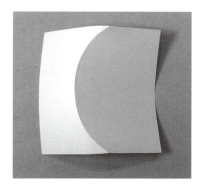
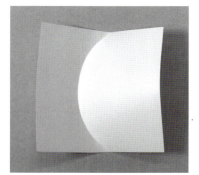

図1-03 | 図1-01の展開図を折った様子（右側は裏返した様子）

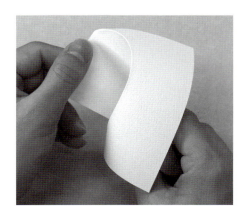

図1-04 | 全体をひねって形を変えている様子

ましょう．曲面上では陰影が綺麗なグラデーションを作り，角度によって，その濃淡が変化します．

　それでは続いて，折り目の左右をつまんで，図1-04のように，いろいろと形を変えてみましょう．曲線で折ったあとでも，紙はさまざまに形を変えることができます．無理に力を加えすぎて，皺を作らないように気を付けましょう．全体をひねることで，折り線がらせん状になり，予想外の形が現れることもあります．滑らかな状態を維持したままで，全体の形を変えることができます．手を放すと，紙が元の状態に戻ろうという力と，折り目を維持しようとする力のバランスが取れた状態で形が落ち着きます．折り目がほぼ平面に乗る状態で落ち着く様子を観察できます．

　曲線の折りを鋭くして，全体を大きく曲げるようにすることで，より立体的な形になります．そのまま手を放すと，図1-03のような状態で安定してしまうので，一部を固定することも試してみましょう．

図1-05は，曲げを大きくして紙の縁をあわせ，筒を作ってみました．折り返された方は，マントのように外側に広がります．

　図1-06は，筒のように丸めた一方の先を細くして，円錐のようにした様子です．右の写真では，帽子のような形に見えます．このように1本の曲線を折るだけでも，全体をどのように，どの程度曲げるかによって，さまざまな形を作れます．

　図1-07中の矢印で示される**折りの角度**を大きくすると，折り目が大きく湾曲し，全体的に小さく収まるような変形をします．図1-08は，半円を折り線とする展開図ですが，折りの角度によって，できる形が異なります．写真では，右のものほど，折りの角度を大きくしています．その結果，右のものほど丸まって小さくなっていることを確認できます．同じ展開図であっても，紙の曲げ方や折りの角度によって，仕上がりの形が異なります．いろいろ試してみましょう．

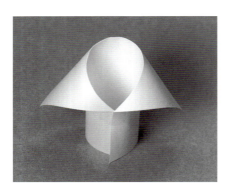

図1-05 | 円筒ができるように大きく曲げて作った形

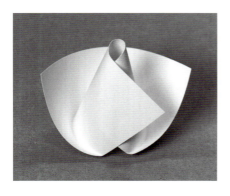
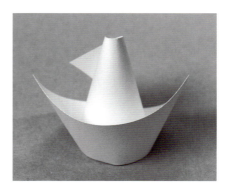

図1-06 | 円錐ができるように大きく曲げて作った形

図1-07 | 右のものほど折りの程度が大きい（矢印で示す折りの角度が大きい）

図1-08 | 折りの程度と得られる形の違い．折りの角度が大きいと湾曲が大きくなり，結果として小さな形になる．

1.2 蛇行する曲線で折る

今度は，図1-09のように，途中で向きを変える，蛇行した曲線（アルファベットのS字のような曲線）を折ってみましょう．実験するときには，図に示す曲線と多少形が違っても大丈夫です．とがった場所のない，滑らかな曲線を描きましょう．

試してみるとわかりますが，紙を波打つように曲げる必要があるので，綺麗に折るのが難しくなります．無理に折ろうとせずに，全体をうねらせて，できるだけ自然に紙が折れるように心がけます．図1-10のように両手で持ち，紙の曲がり具合を見ながら力加

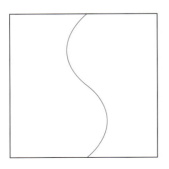

図1-09 | 蛇行する曲線を含む展開図　　　　**図1-10** | 図1-09の展開図を折っている様子

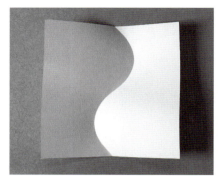

図1-11 | 図1-09の展開図を折った様子（右側は裏返した様子）

減を調整しましょう．折ったあとには図1-11のような形になります．折り目を挟んで，両側に波のような曲面ができます．盛り上がっている箇所に対して，折り目を挟んだ反対側は窪んだ形になります．

　先ほど同様に，折りの角度を大きくしてみましょう．元に戻らないように一部を固定することで，より立体的な形ができます．たとえば，凹になる箇所を円錐になるようにカールさせると，図1-12のように円錐が2つくっついた面白い形ができます．

　続いて，図1-13の展開図のようにS字の曲線をつなげてできる，波型の線で折ってみましょう．カーブが多いほど折るのが難しくなりますが，ゆっくり丁寧に形を作り，しばらくおさえて，紙が曲がった状態で落ち着くようにします．そうすると，凹凸をたくさんもつ形ができます．光の当て方次第で，綺麗な陰影が生まれます．

　ほかにも，いろいろな曲線で試してみましょう．うまく折れる場合と，うまく折れない場合があります．その違いは何なのか，考えてみましょう．

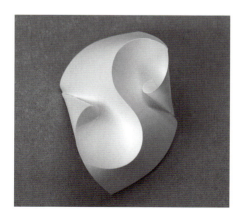

図1-12 | 図1-09の展開図を折り，凹になる箇所を円錐になるように巻き込んだ様子

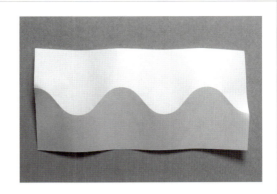

図1-13 | 波型の線で折った様子

1.3 グニャグニャな線で折る

いろいろ試してみると，ずいぶんと適当に描いた曲線でも綺麗に折れることがわかりますが，あまりにグニャグニャな線にしてしまうとダメだということもわかります.

図1-14は，大きく蛇行する曲線で折ってみようとした例です．ほんの少しだけなら折れるのですが，折りの角度を大きくしようとすると「これ以上は折れない」という状態になってしまいます.

どのような曲線であれば綺麗な形に折ることができるかは，どの程度の角度で折るかにも依存します．図1-08で示したように，折りの角度が大きいと，折り線の形は元の形から大きく変化します．逆に，折りの角度が小さいと，元の状態から大きく変化しないので，紙に無理な変形をさせずにすみます．またさらに，折り線が紙の縁からどれく

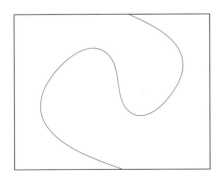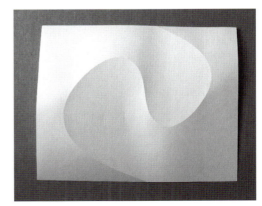

図1-14 | 四角い紙に描いたグニャグニャした曲線を折ろうとした様子

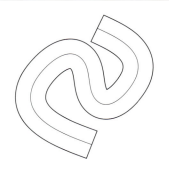 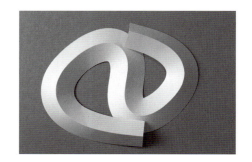

図1-15 | 図1-14の曲線を，紙の幅を狭めて折った様子

らい離れているかによっても，綺麗に折れるかどうかが変わります．どんなにグニャグニャな線でも，紙の縁が折り線の近くにあれば，綺麗に折ることができます．例えば，図1-14に示したものと同じ曲線であっても，図1-15のように紙の幅を細くすることで，曲線をシャープに，綺麗に折ることができます．

　図1-16は，U字型の曲線を紙の幅を細くして折った様子です．U字型の曲線は(新しい折り線を追加しないかぎり)，このように紙の幅を狭くしないと折ることができません．折りの角度を大きくすると，カーブがきつくなるので，写真のように端の方が上下に交差するようになります．

　図1-17は，図1-16に示したU字の曲線を連結して，ヘアピンカーブが連続するような曲線を折った例です．このように大きく左右に蛇行する曲線も，紙の幅を狭くすることで折ることができます．図1-16のように折ると，U字の先端が交差するようになるので，展開図の上端が，写真では下側に来ている点に注意しましょう．

　図1-18は，曲線全体が滑らかでなく，一部にとがった箇所がある例です．とがった場所は，そのままでは綺麗に折れませんが，カドの内側に谷折り線を追加することで，シャープに仕上げることができます．

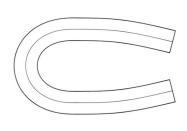 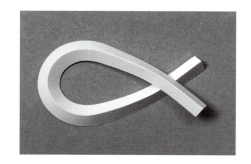

図1-16 | U字の曲線を折った様子

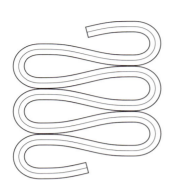
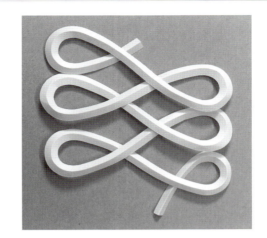

図1-17 | 蛇のようにグニャグニャな線を折ってできる形

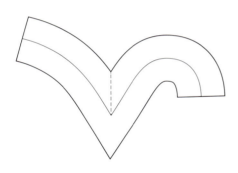

図1-18 | とがった部分の内側に折り線を追加すると綺麗に折れる

水芭蕉

一本の単純な曲線を折るだけで,立体的な作品を作ることができる例です.図に示す曲線を折ったあとで,全体を大きくひねるようにすることで,水芭蕉のような形ができました.曲線の内側部分が作品中央の円錐の形を作っています.折っただけでは開いてしまうので,形を作ったあとに紙が接する箇所をノリ付けして固定しています.

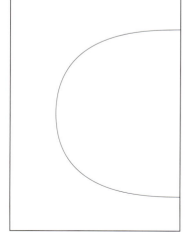

波線を折って作る形

図1-13の例と同じように，波型の曲線を中央に配置しました．下半分は垂直方向に，上半分は内側に向かってすぼめるようにして全体の形を仕上げてみました．折った状態で安定するように，内側を一部固定しています．1本の曲線を折る場合でも，その両側でどのように紙を曲げるかによって，形が大きく変わります．

ト音記号

図1-08で示したように,折る角度の大きさによって,折ったあとの曲がり具合が変化します.展開図では交差しない折り線も,大きな角度で折ることでカーブがきつくなり,折ったあとには紙が上下に交差するようにできます.このことを利用して,下図の展開図から,ト音記号の形を作ってみました.

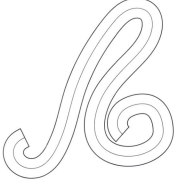

紙の編み込み

図1-17で示したグニャグニャな曲線を2つ連結して,さらに長い紐のような状態にしました.折りの角度を調整することで,中央部はほぼ平坦に,そしてUターンする箇所は大きく曲がるようにしました.できた輪の部分に,紙の端を上手に入れ込むこと,毛糸で作る編み物のようになりました.

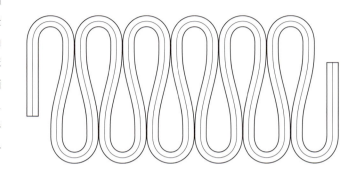

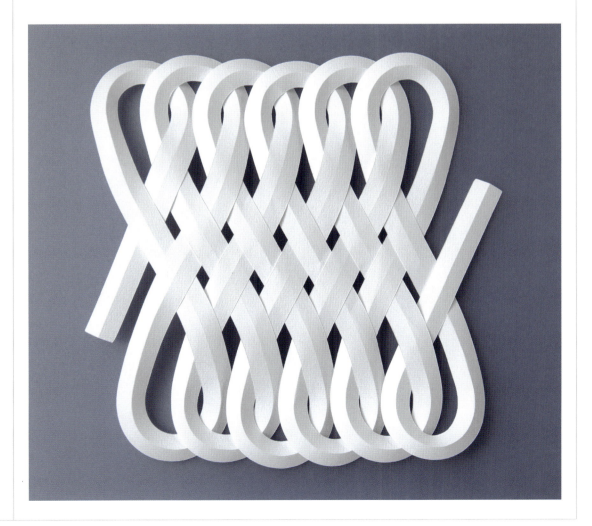

理論を知りたい人のために―1

直線エレメントと紙の幅

010ページで述べたように，紙を曲げてできる曲面は，直線エレメントが集まってできたものです．この直線を実際に見ることはできませんが，どのように並んでいるかを推測できると，新しい形を作るときにとても有利です．直線エレメントが交差するような形は作れないので，事前にその交差を予測できると，無理な形を頑張って作ろうとしている状態を避けることができます．複数の曲線が互いに影響し合う，複雑な形では難しいですが，単純な形であれば，直感的に予測できることもあります．

練習として，1本の曲線で紙を折ったあとに，直線エレメントがどのように並ぶかを想像してみましょう．まずは折り目から曲線の外側に向かって直線が伸びていく様子をイメージすることから始めます．そして，今度は曲線の内側にも直線が伸びていく様子をイメージします．実際，直線エレメントは，図1-19のように，曲線の外側では外に広がるように，そして内側は中に向かって集まるように並びます．

折りの角度を大きくすると，図1-19の左のように，直線が交差し，実際には作れない状態になってしまいます．この問題を避けるためには折りの角度を小さくすればよいですが，例えば図1-19の右のように，直線が交差する箇所を切り取ってしまうというのは，とても簡単な解決方法です．本章で紹介した，紙の幅を細くする技法は，このような直線エレメントの交差を避けるための方法だったのです．紙が十分に細ければ，グニャグニャした曲線であっても綺麗に折れるのです．

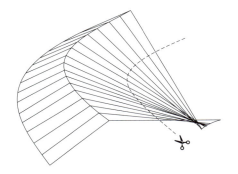 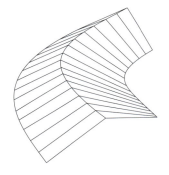

図1-19 ｜ 大きく曲げることができない場合も，幅が狭ければ折ることができる

031　2　曲線を並べる

chapter 2

曲線を並べる

これまでは1本の曲線だけを扱ってきましたが，複数の曲線で折ることで，より複雑な形を作れるようになります．本章では，同じ形の曲線を並べることで，どのような形ができるか見ていきましょう．並べるということだけで，表現の幅を大きく広げることができます．

2.1 2つ並べて段折りする

同じ形の曲線を平行に2つ，並べてみましょう．図2-01は，図1-01に示した単純な曲線を2つ並べた例です．左側の展開図では，左側を谷折り，右側を山折りにしています．右隣りの展開図では，その逆にしています．

試してみるとわかりますが，両方とも山折り，または，両方とも谷折りにすると綺麗に折れません．どちらかを山折りにしたら，他方を谷折りにする必要があります．

折ってみると，図2-02のように，階段状の形を作れます．直線で折る場合には**段折り**と呼ばれる折り方です．山谷の付け方によって，折ったあとの形が大きく異なることに

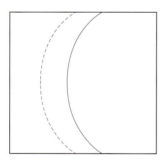 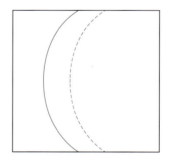

図2-01 | 同じ形の曲線を2つ並べた展開図

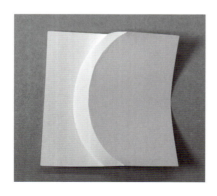 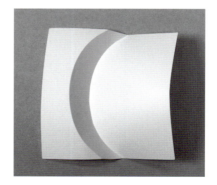

図2-02 | 図2-01の展開図を折った様子

2 曲線を並べる

注意しましょう．左側は全体的に凹んでいますが，右側は全体的に盛り上がっています．紙を裏返すと山谷が反転するので，図2-02の一方をひっくり返すと，他方と同じ形になります．

020ページで試したように，曲面を大きく曲げて丸めることで，円柱や円錐の形を作ることができます．曲線が2つ並んだ展開図からは，段のある円柱，段のある円錐を作れます．図2-03と図2-04は，それぞれ円柱と円錐の形ができるように折った様子です．見る角度によって，ずいぶん違った印象になります．曲線の形や紙の大きさ，曲線と曲線の間隔，そして折る角度や紙の丸め具合などを変えることで，わずか2本の曲線を平行に並べるだけでも，たくさんのバリエーションを作ることができます．

続いて今度は図2-05のように，蛇行する曲線を平行に2つ並べてみましょう．今回も一方を山折り，他方を谷折りにします．蛇行する曲線を平行に並べた展開図も，図2-06の写真のように，無理なく綺麗な形に折ることができます．「同じ曲線を，山谷を変えて2本平行に並べる」という方法は，表面に段差を付ける便利な方法として使えます．

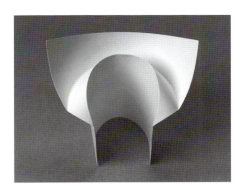 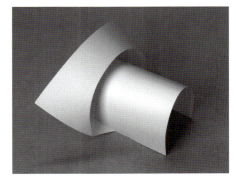

図2-03 | 図2-01の右側の展開図を円柱状に折った様子

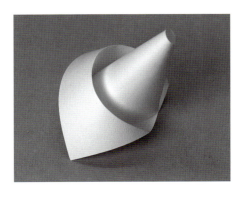 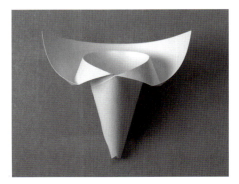

図2-04 | 図2-01の右側の展開図を円錐状に折った様子

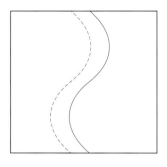 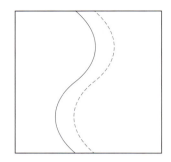

図2-05 | 蛇行する曲線を2本並べた展開図

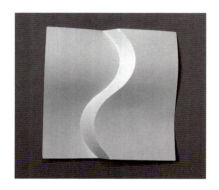 

図2-06 | 図2-05の展開図を折った様子

2.2
たくさん並べる

今度は，同じ形の曲線をたくさん並べてみましょう．これまでと同様に，山折りと谷折りが交互になるようにします．図2-07は，同じ形の曲線を平行に6本並べ，山と谷が交互になるようにした展開図です．左側の展開図と，右側の展開図では，山と谷の付け方が異なります．

これを折ってみると，図2-08のように，複数の段折りが並んだ，綺麗な形を作ることができます．陰影が縞模様として現れます．

図2-09は，折り角度を大きくし，全体が円柱に近づくように丸めたものです．より立体感のある波紋のような形になりました．

まだまだ実験の余地はあります．図2-10, 11のように，今度は間隔を変えて並べてみましょう．この場合も，山と谷を交互にします．折り線の間隔の広さによって陰影に強弱をつけることができます．折り角度を大きくし，全体を丸めると，図2-12のような，まるで昆虫の脚の関節のような形ができました．

2 曲線を並べる

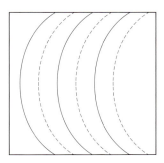
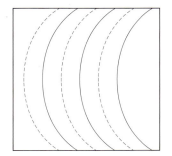

図2-07 | 単純な曲線を複数並べた展開図

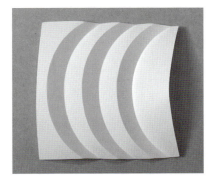
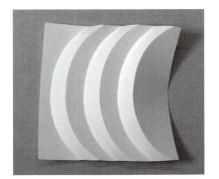

図2-08 | 図2-07の展開図を折った様子

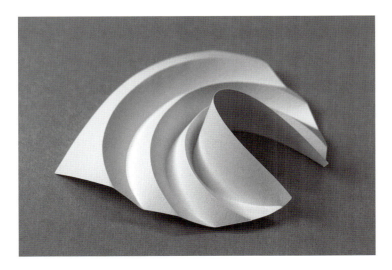

図2-09 | 図2-07の展開図の折り線を，大きな角度で折った様子

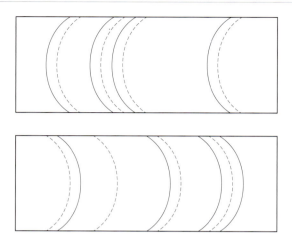

図2-10 | 単純な曲線を間隔を変えて並べた展開図

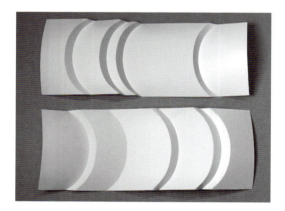

図2-11 | 図2-10の展開図を折った様子

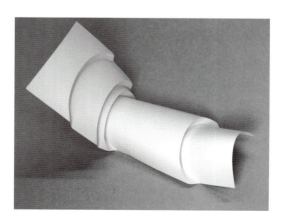

図2-12 | 折りの角度を大きくした様子

2 曲線を並べる

　今度は，蛇行する曲線をたくさん並べてみましょう．図2-13のように，今回も山折りと谷折りを交互にします．丁寧に折ることで，陰影が綺麗なパターンを作り出すことができます．図2-14に示すように，表と裏，縦と横の向きを変えるだけで，印象の異なる陰影のパターンが生まれます．

　図2-15は，蛇行する曲線を，間隔を変えて並べた例です．

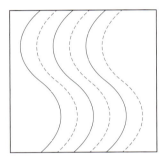

図2-13 | 蛇行する曲線を並べた展開図

図2-14 | 図2-13の展開図を折った様子

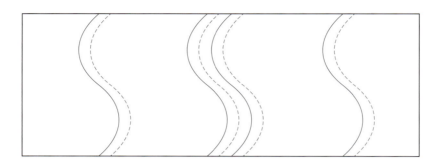

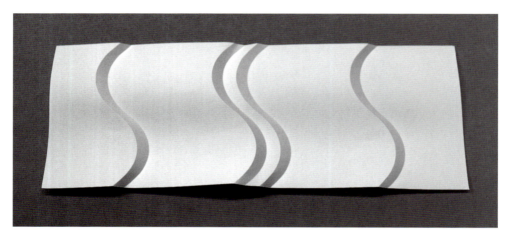

図2-15 | 蛇行する曲線を間隔を変えて並べた様子

2.3 反転して並べる

これまでは，同じ形の曲線を平行移動して隣に並べる例を見てきました．今度は，鏡に映したように反転させて並べてみましょう．

まず，図2-16のように，032ページで紹介した曲線での段折りを，左右に反転させて並べてみます．反転の前後で，山と谷の区別は変更せずにそのままにします．その結果，中心を挟んで，左右に山折りと山折りが向き合うような形（図2-17の左），谷折りと谷折りが向き合うような形（図2-17の右）を作ることができます．これらは，同じ形を表と裏から見ている関係にあります．

この例でも，折りの角度を大きくして全体を丸めることで，円柱の形を作ることができます．図2-18は，図2-16の左と同じような展開図ですが，折ったあとに一部がぶつからないように間隔を大きくしています．これを折って丸めると，左右に円筒が突き出したような興味深い形が得られます．

曲線を並べる

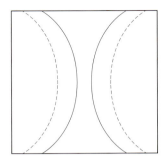
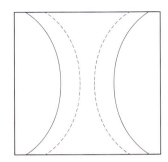

図2-16 | 単純な曲線を複数並べた展開図

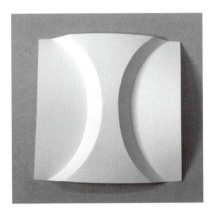
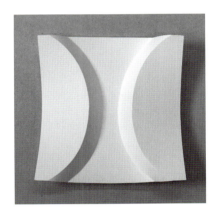

図2-17 | 図2-16の展開図を折った様子

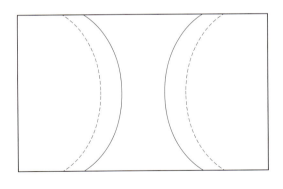
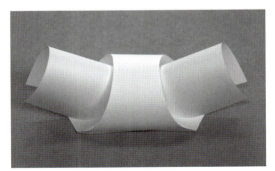

図2-18 | 間隔を大きくした展開図とそれを折って両端を円柱のようにした様子

今度は，曲線の凹の側を向かい合わせにしてみましょう．図2-19が，そのような展開図で，実際に折った様子は図2-20のようになります．陰影のでき方によって，見た目の印象が大きく変わります．

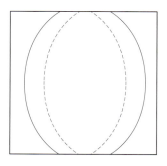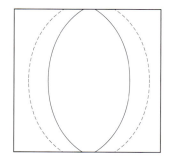

図2-19 | 反転のさせかたを変えた展開図

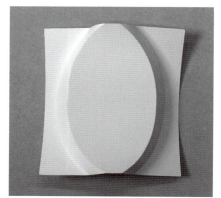

図2-20 | 図2-19の展開図を反転のさせ方を変えたものを折った様子

　図2-21は，図2-19の左と同じような展開図ですが，中央を少し広くしています．折りの角度を大きくして丸めることで，中央に円柱を配置したような形が得られます．
　単純な曲線だけでなく，蛇行する曲線でも試してみましょう．
　図2-22は，山折りの波線を向かい合うように配置した例です．
　図2-23は図2-22の波線を並べて，段折りにしたものです．平行に移動して並べる操作と，反転させて並べる操作だけで，綺麗なパターンを作ることができます．

2 曲線を並べる

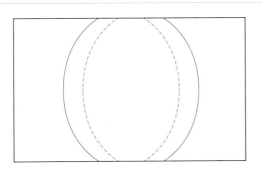 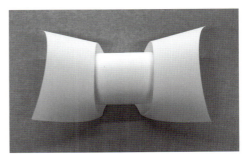

図2-21 | 間隔を広げた展開図とそれを折って両端を円柱のようにした様子

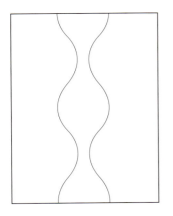  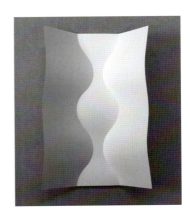

図2-22 | 波型の曲線を鏡映反転して配置した例（右側は裏返した様子）

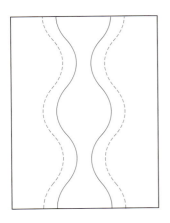  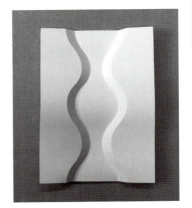

図2-23 | 波型の曲線の段折りを鏡映反転した例（右側は裏返した様子）

リング

単純な曲線をそのまま並べたり，反転させてから並べるなどして，表面に段差を付けました．横に長い紙を使い，両端を貼り合わせて輪にしています（展開図で灰色にした部分を糊付けしています）．同じ形の曲線の並びでは，山谷が交互になっていて，反転させた曲線が向き合う個所では，どちらも山折りになっている点に注意しましょう．

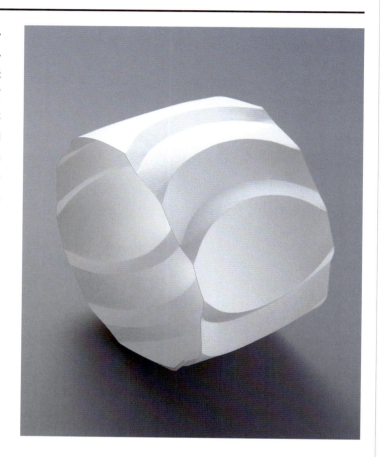

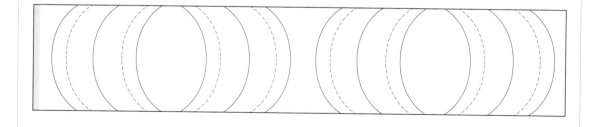

043

2 曲線を並べる

作例 6　波型の土手

波型の曲線を1本, 適当に作り, それを並べてみました. 左側に6本, 適当な間隔に並べて, 山折りと谷折りを交互にしたあと, 全体を反転させて右半分を作りました. このような簡単なアプローチでも, 陰影が綺麗に現れる不思議な立体を作り出すことができます.

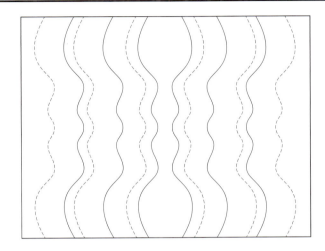

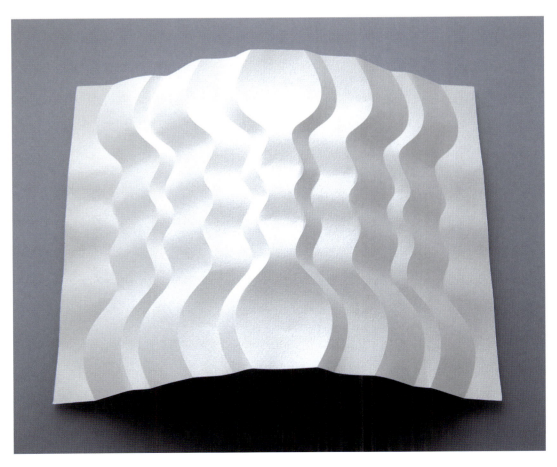

作例 7

さざ波の陰影

うねうねと蛇行する曲線を段折りし,それを反転させて並べることでテクスチャ模様のようなパターンを作りました.平行に並べるのでは面白みに欠けるので,少しずらしながら斜め方向に移動させました.浅い凹凸の並びが,滑らかな陰影の線を表面に浮かび上がらせています.

折り線の山谷と紙の凹凸の関係

理論を知りたい人のために—2

紙を曲線で折ると，折り目を挟んだ両側に曲面ができます．図2-24（図0-08の再掲）の例では折り目の左側に凸の曲面が，折り目を挟んだ右側には凹の曲面ができます．

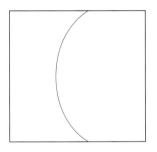 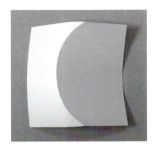

図2-24 | 1本の単純な曲線を折ってできる形（図0-08の再掲）

このような曲面の状態は，光を当てると現れる陰影のグラデーションから推測できますが，形や写真の状態によっては，正確に把握することが難しい場合があります．また，折ったあとにできる曲面の凹凸を，展開図を見て予測できると，形の設計や実際に折るときに便利です．

そこで，折ったあとに手前が盛り上がる部分を「＋」の記号で，へこむ部分を「－」の記号で表すものとして，図2-25のように，展開図と折ったあとの形の両方に記号を書き込んでみます．

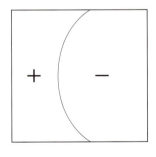 

図2-25 | 曲面の凹凸を＋－記号で表した様子

山折りにした折り目の左側は，どうやってもへこませることはできず，必ず盛り上がります．そのため，図2-25に示した記号は，折りの角度によらず不変です．

折り線の山と谷を入れ替えた場合（紙を裏返したことに相当します）は図2-26のようになります．

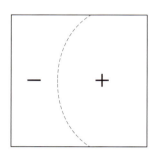 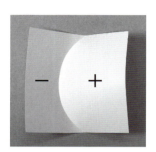

図2-26｜図2-25に示す展開図の山折りを谷折りにした場合

　ただし、この＋と－の記号は折り目の近くの状態を表すものであって、広い範囲に渡る凹凸を示すものではありません。図2-27は、蛇行する曲線で段折りにしたときの凹凸を示したものです。盛り上がる部分と凹んだ部分が滑らかにつながっていますが、その境目は厳密には定まりません。また、折り目が直線の場合には、その両側の近傍は平面になります。

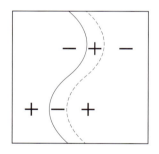 

図2-27｜波打つような表面を持つ曲面の凹凸を記号で表した様子

　続いて、折り線の山谷と、その両側の曲面の凹凸の関係を表すために、図2-28のような新しい記号を導入してみます。
　記号に含まれる中央の曲線は折り線の形（アルファベットのC字形をした折り線）を表しています。折り線が山折りの場合には、丸の中に「＋」を、谷折りの場合には「－」を記入します。そして、折り線を挟んだ両側の曲面の凹凸を表す符号を四角の中に記入します。これまでのように、盛り上がっている場合には「＋」を、へこんでいる場合には「－」を入れます。
　そうすると、実際にあり得る符号の組み合わせは、図2-25、26で見たように、図2-29に示す2

2 曲線を並べる

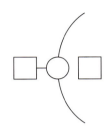

図2-28 | 新しく導入する記号

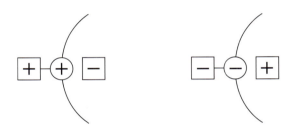

図2-29 | 符号の記入例

通りのどちらかに限定されます．これ以外の組み合わせは存在しません．

この記号を観察すると，丸の中に記入した符号と，丸に連結している四角の中の符号が同じであることがわかります．他方の四角には，異なる符号が入ります．さらによく見ると，どれか1つの符号がわかれば，残り2つの符号は確定してしまうことがわかります．

ここで，少し簡単な練習問題を解いてみましょう．

練習問題
次の図で，空欄になっている○または□の中に，適切な符号を記入してください．

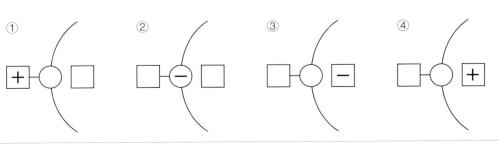

解答は次の通りです.

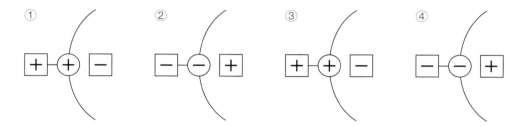

このような簡単なルールを覚えると,展開図に示された折り線の形と,その山谷の割り当てから,折ったあとの曲面の凹凸を推測することができます.このような知識は,折り線を並べたあとで山谷の割り当て方を決定するのにも有効です.

図2-30を使って,同じ形をした曲線aとbが平行に並んでいる場合の例を示します.

まず,曲線aを山折りにすることを決めたとします(ステップ1).すると,その左右の曲面の凹凸は自動的に決まります(ステップ2).続いて,隣にある曲線bは,折れ線a,bの間に挟まれた部分を共

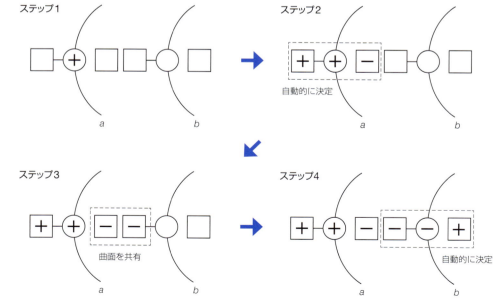

図2-30 | 同じ形の曲線を並べた場合の符号の決定

2 曲線を並べる

有するので，bの左の四角には−の符号が入ります(ステップ3)．すると，曲線bの残りの符号が確定し，bが谷折りになることと，右端は凸な曲面になることがわかります(ステップ4)．

以上のことから，同じ形の曲線を隣に並べたときには，山折りと谷折りが交互になること，そして左側を山折りにした場合には，左右の両端が盛り上がり，中央がへこんだ形になることがわかります．

もう1つ別の例を見てみましょう．図2-31は，曲線aを反転させた曲線bを隣に並べた例を示しています．

先ほどの例と同様に，曲線aを山折りにすることにします(ステップ1)．すると，その左右の曲面の凹凸は自動的に決まります(ステップ2)．続いて，隣にある曲線bは，a，bの間に挟まれる部分を共有するので，bの左隣には−の符号が入ります(ステップ3)．すると，図2-29の左側で示した記号を反転させたものをあてはめることで，曲線bが山折りであることと，右端が凸な曲面になることがわかります(ステップ4)．

このことから，曲線を反転させて隣に並べたときには，山折りと山折り（または，谷折りと谷折り）の並びになることがわかります．それと同時に，折ったあとの曲面の様子も，四角の中の符号から推定できます．

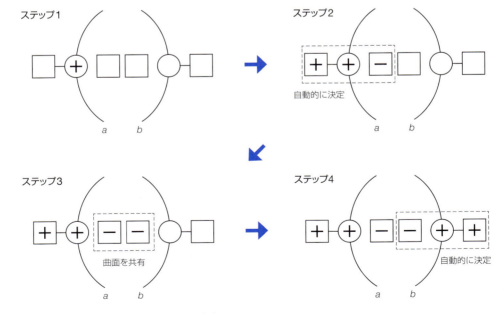

図2-31｜曲線を反転して並べたときの符号の決定

050 　　　曲線折り紙デザイン

051 3 曲線を回転させて並べる

chapter 3

曲線を回転させて並べる

これまでは，同じ形の曲線を平行に移動させて並べました．ここでは，同じ形の曲線を回転させて並べることで，回転対称な構造を作ってみます．

3.1
回転対称な構造を作る

同じ形の曲線を一定の角度刻みで回転させ，端を合わせて並べてみます．図3-01の例では，60度間隔に6本の曲線を並べています．同じ形の曲線を平行に並べたときと同じように，山折りと谷折りを交互にします．このようにして得られた展開図は，120度回転させると，回転させる前とまったく同じになり，区別できなくなります．このような図形を，回転対称な図形と言います．この展開図を折ってみると，図3-02のような形になります．

続いて，曲線の本数を変えてみましょう．山と谷が交互になる必要があるので，本数は偶数に限られます．回転させる角度の単位を，180度を整数で割った値（例えば15度，30度，45度など）とすることで，偶数本の曲線を一定の角度間隔で配置できます．図3-03の例では，それぞれ45度，30度，22.5度刻みで曲線を回転させることで，8本，12本，16本の曲線を回転対称となるように配置しています．曲線の形には理論的な裏付けがあるわけではなく，直感的に決めたものですが，それでも綺麗に折ることができました．折り線の数によって，陰影の密度が変化し，見た目の印象が大きく変わります．

折り目を付けて手を放すと，自然に落ち着く形が得られますが，きつく巻いた状態で押さえると，図3-04のように，まるでメレンゲのお菓子のような形になります．この状態で，何かの枠で固定したり，糊付けしたりして，形を固めてしまってもよいでしょう．

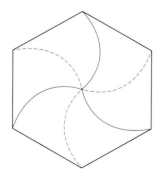 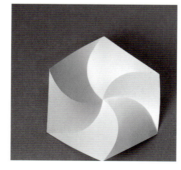 

左｜**図3-01**｜曲線を回転させながら並べた展開図
右2点｜**図3-02**｜図3-01の展開図を折った様子．右側の写真は裏側から見た様子

053 曲線を回転させて並べる

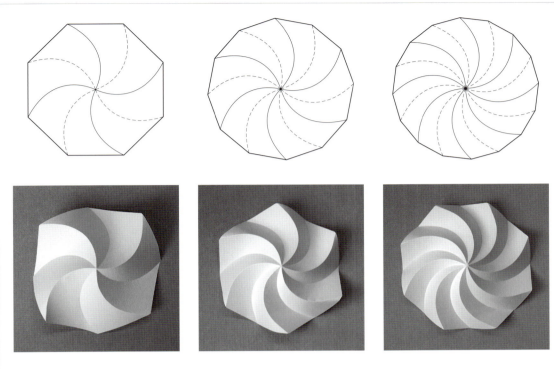

図3-03 | 曲線の本数を変えた様子.それぞれ8本,12本,16本

図3-04 | 図3-03の右側の例をきつく巻いた様子

　　　図3-05は,蛇行する曲線とカドを含む曲線を,それぞれ12本と16本,回転対称に並べた例です.カドのある曲線では,025ページで紹介した例のように,カドの部分に新しい折り線を追加しています.このように,単純ではない曲線であっても綺麗な形を作り出すことができます.いろいろな曲線で試してみましょう.

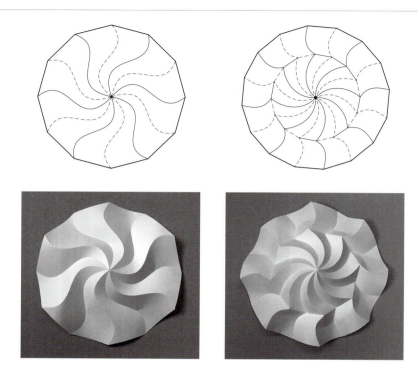

図3-05 | 蛇行する曲線、カドのある曲線で回転対称な構造を作った様子

3.2
中央を離す

今度は、折り線の端を中央から離してみましょう。図3-06のように、中央に円をおいて、それに接するように曲線を配置してみます。その際、山折りと谷折りのペアが同じ位置で円に接するようにします。

実際に折ってみると図3-07のように、中央に折れ線のない空白部分ができ、ずいぶんと印象が変わりました。折る角度を大きくすると、中央の円板で紙を巻き取ったようになります。

参考

曲線の形を工夫することで、折りたたみ傘を収納するときのような、ピッタリと隙間なく巻き取られた形を作ることができます。このような折りたたみ方ができる展開図の生成方法が野島武敏氏によって研究され、『折り紙の数理とその応用(第1章, 共立出版, 2012)』にまとめられています。

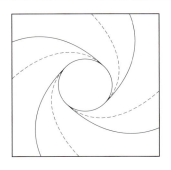

図3-06｜中央に円を置いた展開図　　図3-07｜中央を離して折った様子・右側の写真は裏側から見た様子

3.3 渦巻きを並べる

少し工夫することで，これまでに紹介した渦巻き状の折り線をもつ展開図を，並べてつなげることができます．図3-08の展開図は，折り線が四角形の辺に直交するように，曲線の形を調整したものです．

このようにすると，全体を反転したものを左右に並べたときに，折り線がスムーズに接続し，図3-09のような展開図を得ることができます．図3-10は，さらに図3-09の展開図を反転して上下につなげたものです．4つの渦巻のパターンを，1枚の紙から折り出すことができました．

図3-10の展開図をさらに並べることで，いくらでも広げていくことができます．このように，同じ形（ユニットと呼びます）を敷き詰めるようにした折紙作品のことを**テッセレーション**と呼び，多くの折り紙作家の手によって多種多様な作品が作られています．

図3-11に，渦巻状のユニットを連結して並べる場合に，どのように配置すればよい

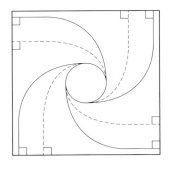
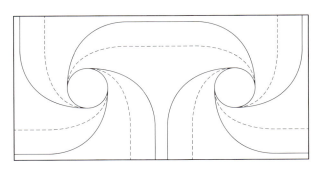

左｜図3-08｜折り線が四角形の辺に直交する展開図
右｜図3-09｜一方を反転させて2つの渦巻き構造を接続した様子

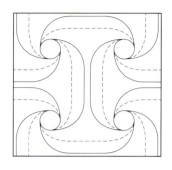 

図3-10 | 4つの渦巻き構造を接続した様子

かを表す2通りの模式図を示します．それぞれ，格子の交差点上にユニットの中心がくるように配置します．その際に，連結するユニットとは回転の向きが逆になるようにします（図中の矢印は回転の向きを表しています．格子点の丸の色でも向きが区別できるようにしています）．図の左に示す，正方形の格子を成すように配置する場合には，山折りと谷折りのペアを4つ作り，周囲に置かれた4つのユニットと接続するようにします．図の右に示す，正六角形の格子を成すように配置する場合には，山折りと谷折りのペアを3つ作り，周囲に置かれた3つのユニットと接続するようにします．

058ページと059ページで紹介する作例は，それぞれ山折りと谷折りのペアが4つと3つのユニットを使って，それぞれ正方形，正六角形の格子状に並べたものです．

参考

図3-10のような構造は，折り紙作家である布施知子氏の「ぜんまい折り」や川崎敏和氏の「ばらの結晶」などにも見られます．曲線での折りを積極的に活用したテッセレーション作品がロシア出身のエカテリーナ・ルカシェヴァ（Ekaterina Lukasheva）氏によって数多く発表されています．これらはインターネット上で検索できます．

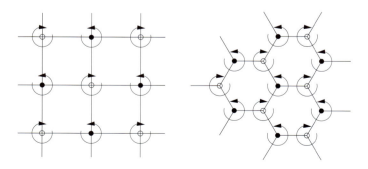

図3-11 | 渦巻状のユニットの連結パターン

057 3 曲線を回転させて並べる

スクリュー

山折りと谷折りのペアを5つ，回転対称になるように並べました．全部で10本ある折り線が作る角度は等間隔ではなくて，大小異なる角度が交互になっています．中心部分を深く押し込むことで，立体的な形になりました．外側の一部を裏側に折り返すことで，形を固定しています．

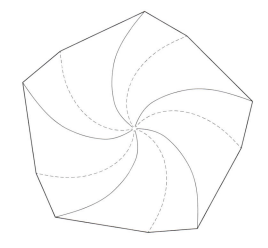

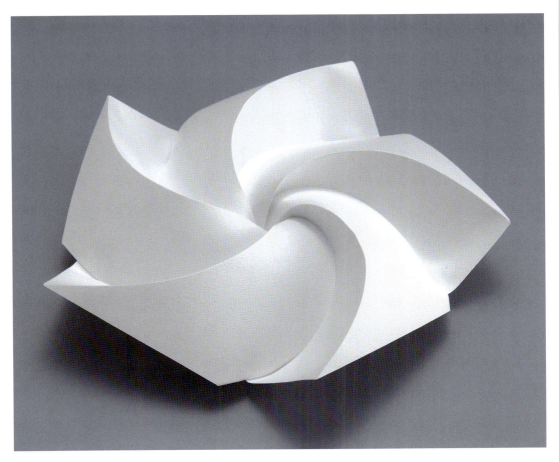

渦巻のタイリング

図3-03で示した8本の折り線(山折りと谷折りのペアが4つ)を回転対称に並べたものを,向きを変えながら格子状に配置しました.全部で16個の渦巻が存在します.山折り線は,隣の渦とスムーズに接続していますが,谷折り線は途中でぶつかっています.間に直線を入れることで,綺麗な凹凸模様に仕上がりました.

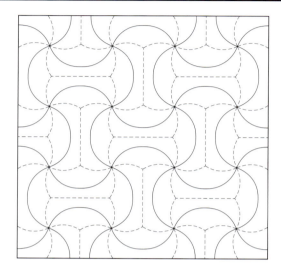

059　3　曲線を回転させて並べる

三又ブーメランのタイリング

三又のブーメランのような形が整然と並んだパターンが,回転対称な折り線のペアを格子状に並べることで作り出されています.展開図上で,折り線の端が集まる点に注目しましょう.ここを中心として,山折りと谷折りのペアで作られる段差が,120度間隔で3つ配置されています.この回転対称な折り線が,図3-11の右側に示すように,正六角形の格子上に配置されています.その結果として,ブーメランの配列が浮かび上がって見えるのです.

紙は本当に伸び縮みしない?

紙は伸縮しない素材と言われています.そのため,紙で作る形は可展面の集合として,数式で正確に表現することができます.でも,本当に紙は伸縮しないのでしょうか?

数式で形を表現するとき,紙の厚さはたいてい無視されますが,実際の紙には厚さがあります.図3-12のように,単純に2回折ったあとの断面の状態を考えてみましょう.紙の厚さがある分だけ,どこかが伸縮しないことには,このような状態には折りたためません.理想的には,折り目の幅はゼロですが,実際は紙の厚さのぶんだけ,折り目の付近で紙が少しだけ伸びたり,または圧縮されたりしていることになります.

図3-12 | 折りたたんだ断面

紙は繊維の集まりなので,折り曲げた個所で繊維が折れたり,ほどけたりして,微小な伸縮が起きていると考えられます.試しに少し柔らかめの紙を球面に押し当て,上からこすると,紙の一部分だけ膨らませることができます.このことを利用したものとして**エンボス加工**があります.

とくに,たくさんの折りが集中する箇所では,理論的に求まる形と,実際にできる形の乖離が大きくなります.このように,実際の形を簡単な数式では表現できないことは,設計の上ではやっかいな問題ですが,このことがよりいっそう,紙を折って作る形の表現力を増すことにつながっています.

実際に紙を折っていると,計算上は成り立たないはずなのに,なぜか作れてしまった,という形に出くわすことが多々あります.紙の柔軟性が,折り紙の可能性を大いに広げているのです.

図3-13 | たくさんの折り線が集中する箇所

061 4 折り込む

chapter 4

折り込む

これまでの例では，曲線が交差したり分岐したりすることはありませんでした．ここで紹介する**折り込み**の仕組みを理解すると，途中で分岐するような折り線の配置を使って形を作ることができるようになります．

4.1
一本の線を折り込む

平らに折る折り紙では，図4-01の上段に示すように，すでに折った折り線の一部を，中に押し込むようにして折る折り方を**中割り折り**と呼びます．鳥のくちばしを作るときなどによく使われます．折り鶴の最後の工程にも，この折り方が用いられています．

この中割り折りをする前後で展開図がどのように変化するか観察してみましょう．はじめに1本の山折り線がありますが，中割り折りをすることで，その折り線が途中から3つに分岐します．分岐してできた外側の2本は山折りで，もともとあった折り線は分岐点を境にして，山折りから谷折りに変わります．図4-02は，実際の紙で中割り折りを

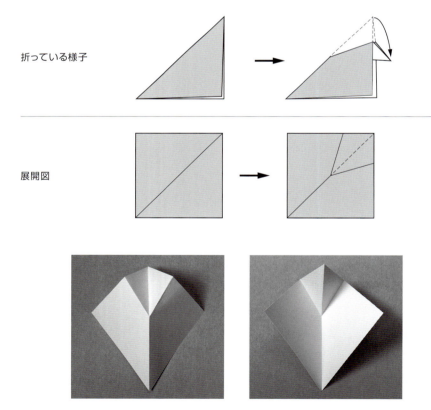

上 | **図4-01** | 中割り折り
下2点 | **図4-02** | 中割り折りをした様子（右側は裏返した様子）

4 折り込む

した様子です.上から眺めると,1本の山折りが,山・谷・山の3本に分岐している様子がわかります.また,紙を裏返してみると,1本の谷折りが,谷・山・谷の3つの折り線に分岐する様子を観察できます.

　もともと山折りだった折り線に注目すると,中割り折りしたあとではY字の山折り線が現れます.谷折り線であった場合は,中割り折りしたあとにY字の谷折り線が現れます[図4-03].

　このような操作を,曲線での折り線に対しても行うことができます.図4-04は,単純な曲線での折りに対して,この中割りの方法を適用して新しい展開図を作った例です.

　この展開図を折ってみた様子が図4-05左です.山折りの曲線が途中から谷折りに変わり,奥に凹んでいる様子がわかります.紙に皺を発生させることなく,綺麗に陰影が出ています.右側は,折った紙を裏返した様子です.

図4-03 | 中割り折りによる展開図の変化

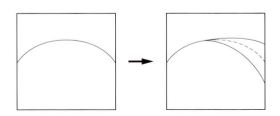

図4-04 | 単純な曲線に中割り折りの方法を適用した例

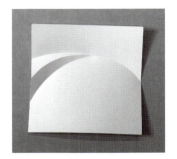

図4-05 | 単純な曲線に折り込みを行った様子(右側は裏返した様子)

4.2 複数の曲線に折り込みを行う

中割り折りのように,紙の一部を押し込むようにする折り込みは,展開図上の複数の曲線に対しても適用できます.図4-06は,3つ並んだ曲線に対して,折り込みを追加した例です.元からある曲線の形は変えずに,分岐する折り線を追加します.そして,分岐より先の折り線の山谷を反転させます.

このような操作で,曲線の段折りに,新しい折りを追加できました.

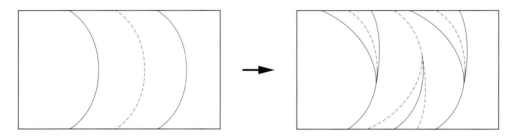

図4-06 | 複数の曲線に折り込みを行う場合の展開図の変化

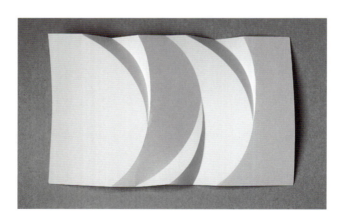

図4-07 | 複数の曲線に折り込みを行った様子

4.3 折り込みを繰り返す

折り込みを行うには,1本の折り線に対して新しい折り線を2本追加する必要がありました.ここで新しく追加された折り線に対して,さらに折り込みを行うことができます.

4 折り込む

　折り込みを繰り返すことで折り線が分岐し，図4-08に示す樹形図のように，先に行くほど折り線の数が増えます．

　分岐したあとの先端を見ると，最も外側のものから順に山折りと谷折りが交互になっていることを確認できます．図4-09に示すように，分岐のしかたが一様でない場合であっても，やはり外側から順番に山折りと谷折りが交互に現れます．このような法則を覚えておくと，はじめに折り線だけ決めて，あとから山谷を割り当てることが簡単にできます．

　図4-10はこれまでに説明した折り線の分岐を，曲線の折り線に対して行った例です．

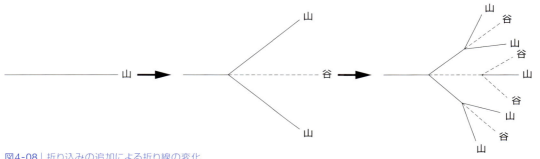

図4-08 | 折り込みの追加による折り線の変化

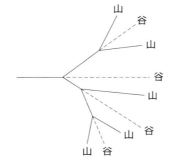

図4-09 | 分岐の仕方が一様ではない
折り込みの山谷の割り当て

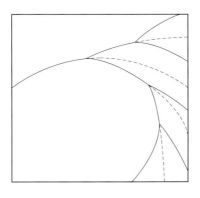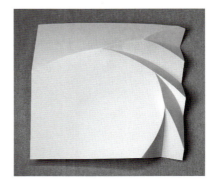

図4-10 | 曲線に対する折り込みを繰り返した様子

山脈

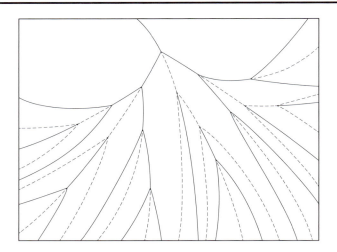

本章で紹介した, 折り込みによる分岐を, たくさん繰り返してみました. その結果, 山脈のような形が現れました. 紙の縁を横切る折り線を観察すると, 山折りと谷折りが交互になっていることが分かります.

4 折り込む

フリーハンドで描く山脈

1つ前の作例と同様に，折り込みによる分岐をたくさん配置しました．今度は，ボールペンを使ってフリーハンドで描いた線を折ってみました．滑らかな線ではないので，ゴツゴツした印象の陰影が現れました．折るときには，紙の縁では山折りと谷折りが交互にでることに注意することで，間違わずに仕上げることができます．

星の回転

3章で紹介した, 回転対称な折り線のパターンに, 本章で紹介した折り線の分岐を適用してみました. その結果, 曲線で構成される星の形が浮かび上がったような作品になりました.

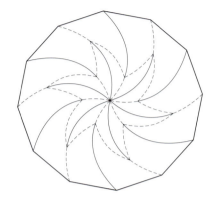

069　4　折り込む

理論を知りたい人のために―3

折り線は自由に交差できるか

本章で紹介した「折り込み」によって，折り線が分岐する様子を見てきました．これは見方を変えると，折り線が1か所で交わっていると考えることもできます．折り線は自由に交差できるのでしょうか？ 残念ながら，そうではありません．そうではないから，曲線で折る折り紙の設計は難しいのです．

ではここで，図4-11のように，2つの折り線が交差する状況を考えてみましょう．aは2本の山折りの曲線が交わっています．bは，山折りの曲線と谷折りの曲線が交わっています．このように曲線が交差した状態の折り線は，問題なく折ることができるでしょうか？ 試してみると，うまく折れないことがわかります．それはなぜでしょう．

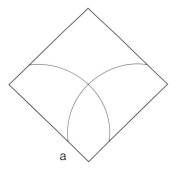 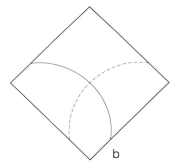

図4-11｜2つの曲線が交差する例

うまく折れない理由を確認するために，交差している点から4本の折り線が延びていると見なして，それぞれの折り線に045ページの「理論を知りたいひとのために2」で紹介した記号を当てはめてみましょう．

山折り線の上には ⊞ ⊕ ⊟ を，谷折り線の上には ⊟ ⊖ ⊞ を重ねることになります．その結果は，図4-12のようになります．

折り線によって，紙は4つの領域に分けられますが，「?」の記号を付けた領域は，凹となる部分と凸となる部分が混在することがわかります．そのため，この領域では曲面の形が定まらず，うまく折れないのです．

それでは，このような場合にはどうすればよいでしょう．

解決方法の1つとして，図4-13のように，新しい折り線を追加することが考えられます．

新しく曲線を追加したあとに，折り線と曲面の凹凸を示す記号を配置してみると図4-14のよう

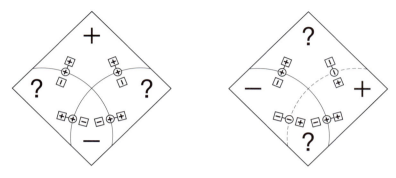

図4-12 | 4つの曲線に折り線の山谷と曲面の凹凸を表す記号を配置した様子

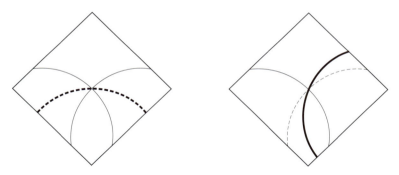

図4-13 | 新しい曲線(太線)を追加した様子

になり、折り線で囲まれたいずれの領域でも、凹凸が定まります。図では、凹凸がわかりやすいように、凸になる領域(符号が+になる領域)を灰色、凹になる領域(符号が−になる領域)を白色で示しています。写真が示すように、綺麗に折ることができています。

このように、交差する曲線がうまく折れない場合には、新しい折り線を追加することが、1つの解決策になるのです。

ところで、025ページでは、鋭角に曲がる場所には、直線の折りを追加するとよいことを説明しました。図4-15は図4-14の左側に示した展開図ですが、太線で示した山折り線が、鋭角に曲がる場所を持っていると見なすことができます。そう考えると、ここに直線の谷折りを入れることで、よりシャープな形を折り出すことができます。図4-16は、谷折り線を追加した例です。

4 折り込む

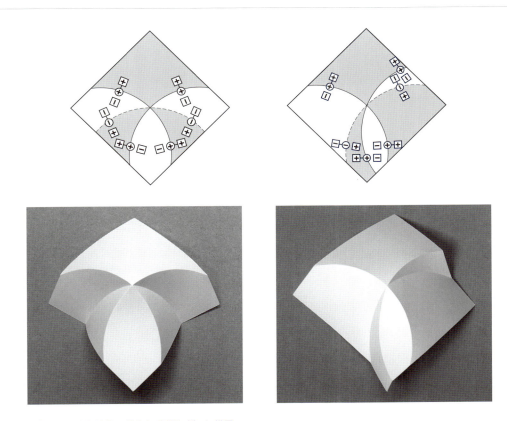

図4-14 | 記号による凹凸の判定と、実際に折った様子

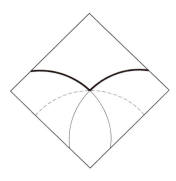

図4-15 | 太線を、鋭角なカドがある山折り線と見なすことができる

さらに，図4-17は，このような展開図を1つのパーツと見なして，4つを並べて作った作品の例です．外側に若干の折り線を追加して，全体が綺麗に仕上がるようにしています．このように，展開図上の山折り線と谷折り線の配置を観察し，組み合わせることで，新しい作品を生み出すことができます．

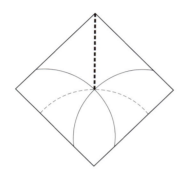

図4-16 │ 新しく直線の谷折り(太線)を追加した展開図と，折った様子

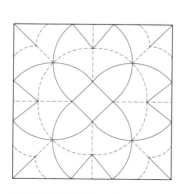

図4-17 │ 図4-16を4つ組み合わせて作った作品

073　5　円錐を折る

chapter 5

円錐を折る

074　曲線折り紙デザイン

紙で作ることができる曲面の1つに円錐の仲間があります．円錐は，直線エレメントが1点に集まる形をしています．ここでは，この円錐を含む形を折り出し，それを活用する方法を紹介します．

5.1 折り返しによって円錐を作る

まず，一般的な円錐の展開図を見てみましょう．図5-01のような扇形から円錐を作ることができます．扇形を切り出して，カドが円錐の先端になるように丸めます．2つの直線の辺どうしを貼り合わせると，写真のような円錐の形ができます．扇形の中心角の大きさによって，円錐の**頂角**(先端の角度)の大きさが決まります．

このように扇の形に紙を切り出せば，簡単に円錐を作れますが，図5-02の展開図が示すように，山折り線と谷折り線を1本ずつ配置するだけで，正方形の紙からでも円錐

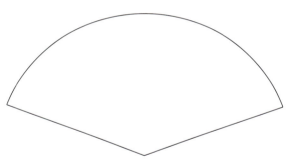

図5-01｜扇形の紙を丸めることで円錐ができる

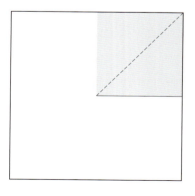

図5-02｜扇形に切らずに円錐を作る

5 円錐を折る

状の形を作ることができます。山折り線と谷折り線をそれぞれ180度に折り，灰色で示した領域がピッタリ重なり合うようにすると，紙の中央（折り線の端）が円錐の頂点になります。展開図上の山折り線と谷折り線の間の角度を変えることで，円錐の頂角を調整できます。

続いて，この円錐に対して，新しい折りを追加してみましょう。図5-03のように，円錐の頂点（紙の中央）を中心とする円を展開図に追加してみます。これを折ってみると，円錐の先端を下へ押し込んだような形を作ることができます。

図5-03のようにして，下に押し込んだ部分は円錐の形をしているので，再び同じように円形の折り線を追加して，今度は手前側に折り返すこともできます。図5-04は，展開図に新しい円を追加した様子で，全体を折った結果は円錐を段折りしたような形になります。原理がわかれば，展開図に円をさらに追加して，先端を何度も段折りすることができます。

図5-04の展開図を4つ並べて折ってみると，図5-05のような面白い形ができます。

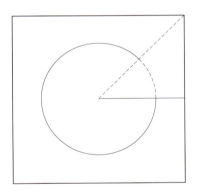 

図5-03 | 円錐の折り返し

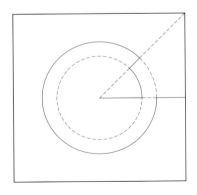 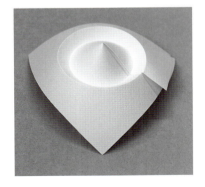

図5-04 | 円錐の段折り

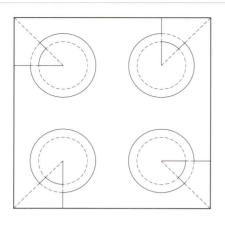
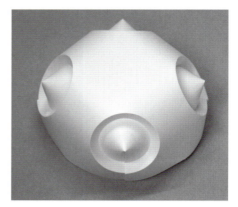

図5-05 | 図5-04の展開図を4つつなげた様子

5.2 くっついた状態の円錐を作る

頂角が60度になる円錐は、図5-06に示すような、中心角がちょうど180度の扇形（つまり半円）から作ることができます。

この展開図を2つ合わせると中心角が360度になるので、図5-07のように、正方形の紙に1本の谷折り線を追加するだけで、頂点の角度が60度の円錐が2つくっついた形を作ることができます。正方形の中央が円錐の頂点になり、谷折り線の左右で、それぞれ1つずつの円錐を作ることになります。

同様の考え方で、図5-08のように直交する2本の谷折り線を配置すると、4つの円錐がくっついた形を作ることもできます。谷折り線によって区切られた4つの領域で、それぞれ1つずつの円錐を作ることになります。

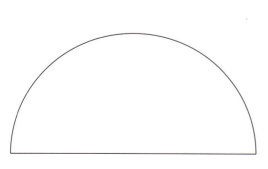
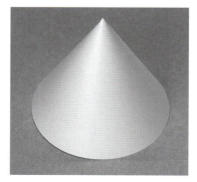

図5-06 | 中心角が180度の扇形から頂角が60度の円錐ができる．

5 円錐を折る

綺麗な円錐にする必要はありません.ぐにゃぐにゃと変形させてみたり,谷折り線の位置や本数を変えて,いろいろ試してみましょう.意外な形を発見できます.できた形は円錐の集まりですから,前節で紹介したようにして折り線を追加し,押し込んだり段折りしたりできます.

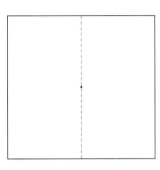

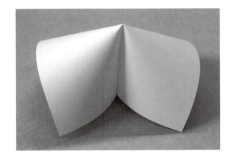
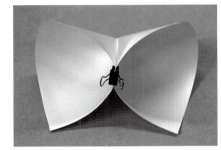

図5-07 | 紙を切らずに,円錐が2つくっついた形を作ることができる.

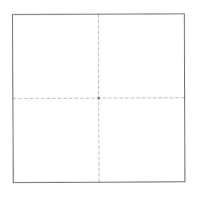
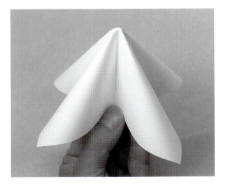

図5-08 | 紙を切らずに,円錐が4つくっついた形を作ることができる.

5.3 円錐の一部を作る

これまでに紹介したようにして，円錐を対象としたいろいろな形を作ることができましたが，円錐を他の折り線と組み合わせるのは難しいことです．そこで，円錐の一部分だけを折り出して，他の折り線と連結する方法を試してみましょう．

図5-09に示すような円弧と直線を組み合わせた展開図で，円錐の一部分だけを含むような形を折り出すことができます．折ったあとには，円弧の内側が円錐状になります．これを組み合わせて，新しい形を作り出してみましょう．

たとえば，図5-09の展開図からは，円錐の形に窪んだような形を作ることができました．これを正方形の紙の各辺に配置すると，図5-10のような形を作れます．

円弧の折り線を連結することで，図5-11のように，波型の折り線を作ることができます．図1-13（023ページ）で紹介した例と似ていますが，こちらの例では，円弧の中心を通るような直線の谷折りが配置され，より凹凸が明確になっています．図5-12は，円錐の一部を連結する際に，直線を挿入して距離を離した様子です．

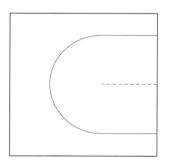 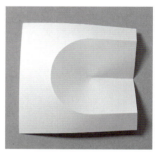 

図5-09 | 円錐の一部を折り出すための展開図と折った様子（右側は裏返した様子）

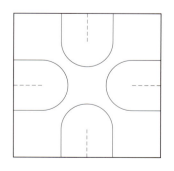 

図5-10 | 円錐の一部を周囲の4辺に配置した例

079　5　円錐を折る

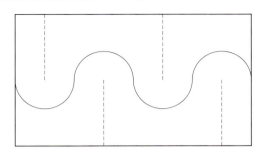

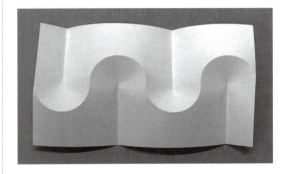
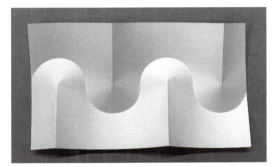

図5-11 | 円錐の一部を連結して波型の折り線を作った様子（右側は裏返した様子）

図5-12 | 図5-11の例に直線を挿入した例

さらに，図5-13では，円錐の一部を傾けて，中心に向けて4つを並べてみました．花の模様のように，中央が窪んだ形を作ることができます．折りの程度を大きくすると，より立体的な形になります．図5-08（077ページ）で紹介した，円錐が4つつながった状態を作ってから，その先端を奥に押し込んだものだと見なすこともできます．

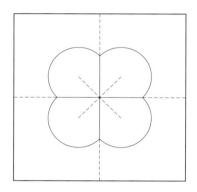

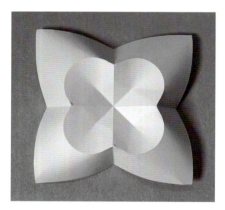 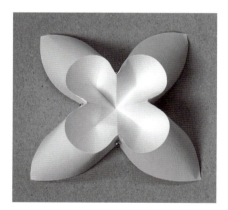

図5-13｜円錐の一部を中央に4つ配置した様子

081 5 円錐を折る

花

中央に向かって円錐の一部を4つ配置し、曲線を連結して渦巻状にしました。折りの角度を大きくすることで花のような形になりました。形が安定するように、紙が接するところを固定しています。

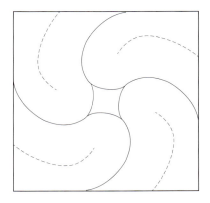

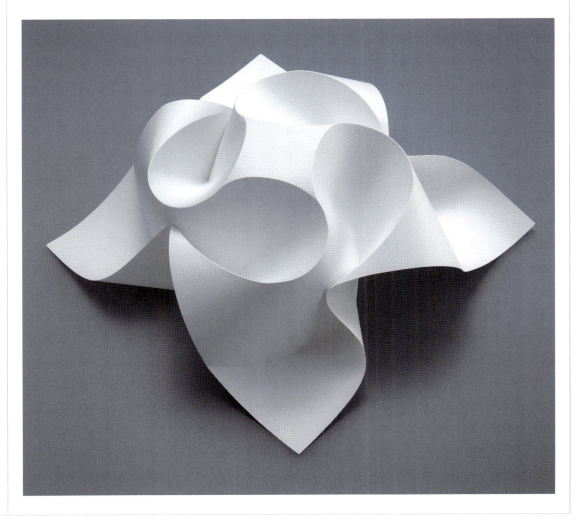

枯山水1

円錐の一部と, 折り線の分岐, 曲線での段折り, と言った, これまでに紹介した技法を組み合わせた作例です. 陰影が枯山水の砂の模様のように見えます.

5 円錐を折る

column 2 円錐の折り返し

本章で見てきたように，円錐を作ったあとに，それを切らずに折り線を追加するだけで，円錐の先端を下に押し込んだり，それをまた持ち上げて段折りしたりできます．円錐の先端を押し込むときには，真下に向かって押し込む必要はなく，傾いていても問題ありません．傾いた方向に押し込むことで，面白い形を作り出すことができます．図5-14は，円錐を横切るようにした，傾いた平面で，先端方向を繰り返し鏡映反転させて作った形です．手作業で正確に折り線の位置を求めるのは難しいため，コンピュータを使って円錐と平面の交線を求めました．

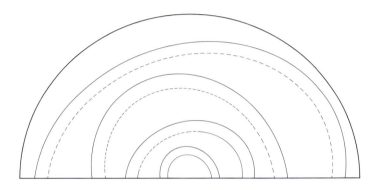

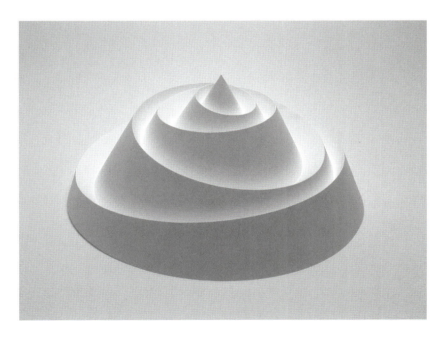

図5-14 | 頂角が60度の円錐を傾いた平面で鏡映反転させた造形

理論を知りたい人のために—4

平らに折る折り紙, 立体的に折る折り紙

本書では紙を曲線で折ることを対象としていますが，直線で折る折り紙については，これまでにさまざまに研究が行われ，多くのことがわかっています．たとえば，折り線が交わる点においては，次のような条件を満たすことが，平らに折りたたみ可能であるための必要条件であることが知られています．

・山折り線と谷折り線の数の差は2である（**前川定理**）
・隣り合う2本の折り線が作る角度の，1つおきの和は180度である（**川崎定理**）

図5-15は，上記の2つの条件を説明するための参考図です．この2つの条件のどちらか一方でも満たさない展開図は，平らに折ることができない，と判定できます．

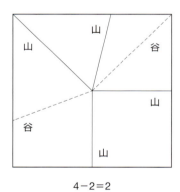

図5-15 | 前川定理[左]と川崎定理[右]の説明

一方で，立体的に折る折り紙では，この法則は成り立ちません．例えば図5-16の展開図は，前川定理も川崎定理も満たしませんが，折りの角度が180度に限定されないので，写真のように立体的な形に折ることができます．

図5-17は，谷折り線だけの展開図です．この展開図は，立体的に折ってよいとしても，紙を曲げないことには折ることができません．しかしながら，紙を曲げてよいのであれば，077ページで紹介したように，4つの円錐が接続したような形を作ることができます．紙を曲げることを許せば，どのような折り線の組み合わせであっても折ることができるのです．ただし，このように言えるのは折り線が交わる場所の周辺だけの話です．複数の折り線が関係しあうような展開図では，すでに見て

5 円錐を折る

きたように，皺を発生させることなく，うまく折ることができない場合が多々あります．

紙を曲げることを許した場合では，展開図を見て，それを折れるかどうか（皺を発生させずに綺麗に折れるか）を判定するのは，とても難しいことです．

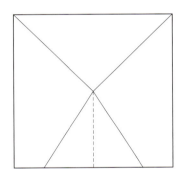

図5-16 | 前川定理，川崎定理を満たさない展開図でも立体的に折れる

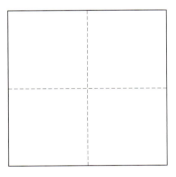

図5-17 | 谷折り線だけの展開図

086 曲線折り紙デザイン

087 6 直線で折り返す

chapter 6

直線で折り返す

これまでは，曲線だけを使った例を紹介してきましたが，直線の折り線を追加すると折り返しによるプリーツを追加できます．このことで，曲線だけでは実現できない，パイプを曲げてできるような形を作り出すことができます．

6.1 直線と曲線の折り線を組み合わせる

これまで曲線の折りを見てきましたが，ここで改めて直線での折りについて確認してみましょう．図6-01の上段は，直線で谷折りをしている様子です．図に示すように，直線の折り目は，折っている過程において，常に直線のままでいて，これを曲げることはできません．しかし，下段の図が示すように，180度折り返してピッタリ重なり合うようにしたあとであれば，全体を湾曲させることで，この折り目自体も曲げることができます．そのあと，さらに折りを追加することで，右下の図で示すような形を作ることができます．

図6-02は，直線の谷折りと曲線の山折りを並べて配置したものです．実際に折ってみるとわかりますが，図6-01で説明したように，直線の折り線は必ず180度折り返すことになり，紙がピッタリと重なり合う箇所ができます．展開図の色を付けた領域が重なり合う箇所です．写真が示すように，折り目の両側が凸になる形を作ることができます．これまでの例では，曲線に対して一方が凸であれば，他方は，必ず凹になりましたが，このように，直線で折る（折り返しする）ことで，折り目の両側が盛り上がったようにでき，円筒のパイプをつなげたような形を作れます．

写真では，右側が斜めに立ち上がっていますが，曲面部分をどの程度丸めるかによって，立ち上がりの角度が変化します．丸め具合を大きくして円筒に近づけると全体は

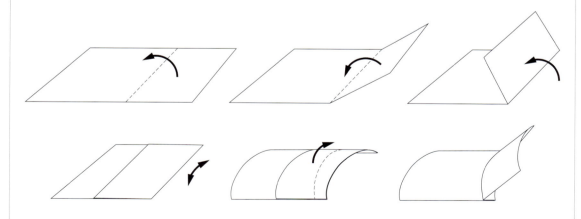

図6-01 | 直線と曲線の折り線の組み合わせ

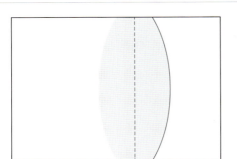
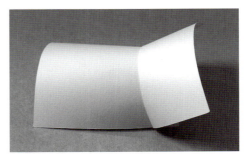

図6-02 | 直線と曲線の組み合わせ（1）

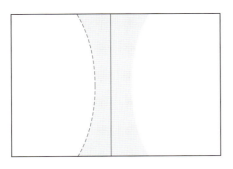
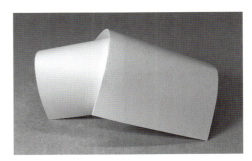

図6-03 | 直線と曲線の組み合わせ（2）

水平に近づき，丸め具合を小さくして平坦に近づけると，右側の立ち上がりが大きくなり，直角に近づいていきます．

　図6-03は，折り線の配置を変えて，曲線の外側（図の右側）に直線を配置した例です．紙が重なり合う場所が，外側に襞のように折り出されます．

　先ほどの例と同じように，曲面部分をどの程度丸めるかによって，全体の折り曲がり具合が変化します．大きく丸めて円筒に近づけると，曲がり具合が小さくなり水平に近づきますが，あまり丸めない状態にすると，逆に曲がり具合は大きくなります．

6.2 直線と曲線を交互に並べる

　図6-04のように，図6-01で紹介した直線と曲線の折りの組み合わせを並べることで，パイプを曲げたような立体的な形が得られます．

　図6-05は図6-02のパターンを並べたもので，外側にプリーツを折り出したようにして円筒を曲げた形が得られます．ダンゴムシの背中のような形と言った方が適切かもし

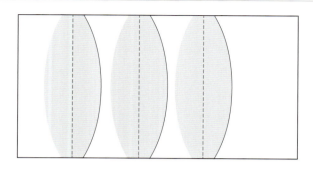
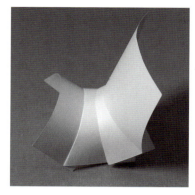

図6-04 | 直線と曲線を交互に並べる（1）

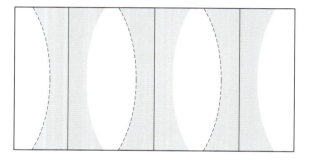
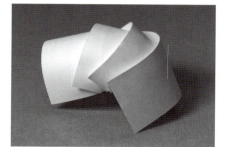

図6-05 | 直線と曲線を交互に並べる（2）

れません．どちらも，形が安定するように一部を固定しています．円筒となる部分をどの程度丸めるかによって，全体の曲がり具合が変化します．

　図6-06では，直線と曲線の組み合わせを少し工夫して並べてみました．展開図に含まれる曲線には左右反転させたものもありますが，いずれも同じ形をしています．灰色の領域はピッタリ重ね合うようになります．展開図の両側は，ピローケースの端の部分の構造をしている点に注目しましょう．上下に貼り合わせ用のノリシロ部分を追加して，形が安定するようにしています．

　これを折ってみると，写真のように，ちょうど両側にピローケースの形が垂直に立ち上がるようになります．展開図の上下につけた端の部分を貼り合わせて閉じることで，それぞれの曲面がちょうど直角に交わるようにできます．

直線で折り返す

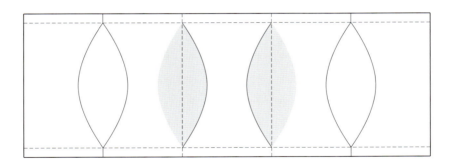

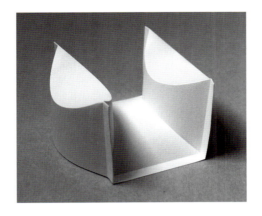

図6-06 | 直角に曲がるようにした例

6.3
直線と曲線のペアを回転対称に並べる

　直線と曲線の組み合わせを回転対称に配置すると，外側に襞が配置された軸対称な立体を作ることができます．折り線の端を紙の中央にあわせる必要はなく，中央に正多角形を置いて，そこから折り線を延ばすこともできます．

　図6-07の例では，中央に正10角形を配置し，各頂点から外側に向かって直線と曲線が延びるような展開図としています．この展開図を折ると，折り目が少し開いた状態で安定し，花が開いたような形ができます．同じ展開図であっても，直線の折り線を180度折ると，先ほどの例と同じように，ピッタリ重ね合わせる部分ができます．このようにして，図6-08のような丸い器の形を作ることができます．図6-08の展開図で灰色で示した箇所が，重ね合わさる部分です．ここをノリで貼り合わせると，形が固定されます．

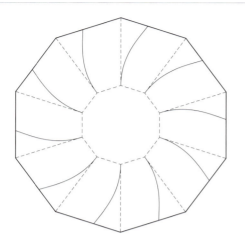

図6-07 ｜ 直線と曲線のペアを回転対称に並べた例

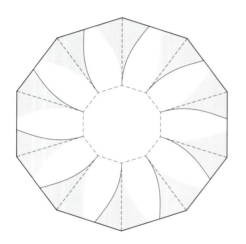

図6-08 ｜ 灰色で示した領域がピッタリ重なるように折った様子

6 直線で折り返す

球体

直線と曲線の折りの組み合わせを16個,平行に並べて球体を作りました.上下の部分が重なり合うので,丸めると両端がしっかりと閉じます.適当に描いた曲線ではうまくいかないので,この作品の展開図はコンピュータで計算して作っています.

タマゴのラッピング

直線と曲線の折りの組み合わせを放射状に配置することで,たまごを包んだような形に仕上げました.底の部分で紙が重なり合い,ピッタリ閉じるようになっています.この展開図も,適当に描いたのではうまくいかないので,コンピュータを用いた計算で作り出しています.

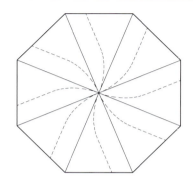

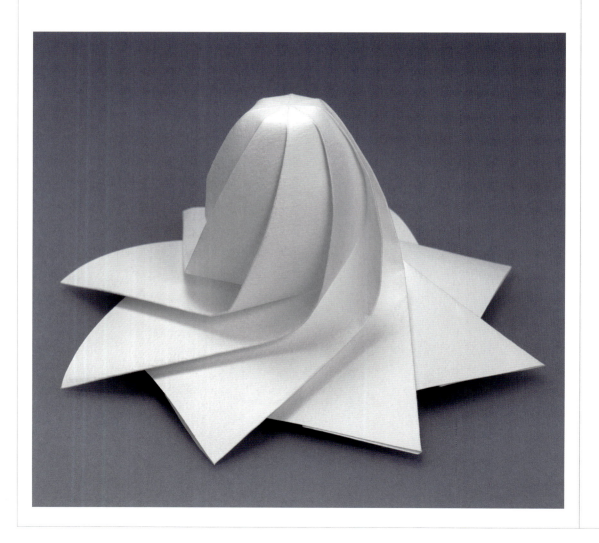

理論を知りたい人のために―5

鏡映反転による曲面の折り返し

083ページでは，円錐の折り返しの例を紹介しましたが，同様の方法で折り返せるのは円錐に限りません．図6-09に示すように，1枚の紙を切らずに折って作った形（a）に対して，一部分を横切るように平面を置き（b），その平面で一方を鏡映反転させます（c）．このようにしてできた形は，切れ目を入れずに1枚の紙を折るだけで作ることができます．この操作を繰り返すことで，簡単な形から複雑な形を作り出すことができます．

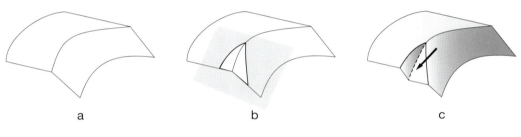

図6-09 | 横切る平面での鏡映反転

　この折り返しの操作の前後では，立体と平面が交差した場所に新しい折り目が追加されます．折り目は平面に乗る曲線になります．この操作によって，展開図には新しい折り線が追加されますが，それ以外の折り線の形は変化しません[*3]．ただし，第4章で紹介した「折り込み」と同様に，鏡映反転によって押し込まれた方の山谷は入れ替わります．

　原理的には簡単な操作ですが，その結果得られる展開図を作り出すには，まず立体と平面の交差を求め，それを展開図上にマッピングしないといけないので，正確な折り線を得るにはコンピュータを使わないと難しいでしょう．しかしながら，このような方法を知っていれば，実際に紙を折って形を確認し，そのあとで折り目をトレースして展開図を作る，というアプローチをとることもできます．

---

*3　鏡映反転の前後で，展開図上に投影した直線エレメントの向きが変化しないという特徴もあります．

096 曲線折り紙デザイン

chapter 7

その他の技法

本書の最後の章となるここでは、これまでに紹介した方法以外の、さまざまな構造を折り出すための折り線の配置方法と、それを折ってできる形について紹介します。これらをつなげたり変形したりすることで、さらにバリエーション豊かな形を作り出すことが可能になります。

7.1 突起とくぼみをつける

これまでに、同じ形の曲線を並べるときには山谷を交互にする必要があると説明してきましたが、あまり大きく曲がらずに、直線に近い曲線であれば山折りと山折り、または、谷折りと谷折りを並べることができます。

図7-01のように、谷-山-山-谷のように並べると、横から見るとコの字の断面を持つ突起を表面につけることができます。裏から見ると、断面がコの字の溝をつけたように見えます。

図7-02は、このような突起（または溝）を並べて、表面に凹凸模様をつけた様子です。

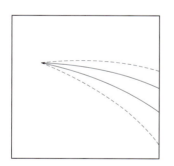 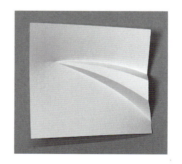 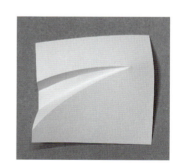

図7-01 | 4本の曲線で突起を付けた様子（右側は裏返した様子）

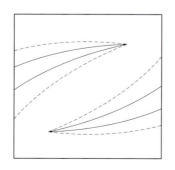 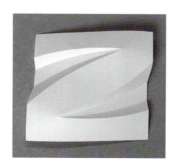 

図7-02 | 突起を2つ配置した様子（右側は裏返した様子）

7 その他の技法

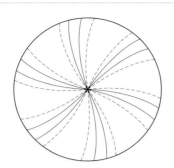
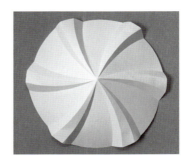

図7-03 | 6つの突起を放射状に配置した様子

　折り線の先端を, 紙の中央に置くことができるので, 他の折り線に影響を与えずに自由に配置できます. 4章で説明した折り込みの代わりに, このような溝を使うこともできます.
　図7-03は端が一致するようにして, 中心から外へ放射状に延びるようにしたものです.

7.2 円柱を折る

　2章で紹介したように, 同じ形の曲線を並べるだけでも, 中央に円柱を配置したような形を作ることができます. 図7-04は041ページで紹介した展開図と折った様子の写真を90度回転させたものです. この展開図を左右に拡張し, 水平な折り線を追加するなどして少し変形すると, 図7-05のように紙の中央部分に円柱を作り出すことができます. このように, 紙の中央に円柱を折り出せると, 複数並べたり, 他のパーツと組み合わせ

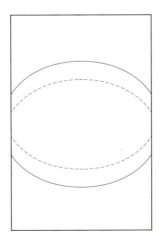

図7-04 | 曲線を並べて円柱を折り出した様子（041ページの展開図と写真を90度回転させて再掲）

たりできて便利です.

　図7-06では,円柱を2本並べた状態を作ってみました.円柱がより簡単に,綺麗に折り出せるように,図7-05の展開図をベースとして垂直な折り線を2本,内側に追加しています.これにより,シャープな形が折れるようになっています.円柱はいくつでも並べることができますし,幅や長さも簡単に変更できます.

　さらに,上下の幅を変えることもできます.一方を小さくすることで,図7-07のように,円錐の形を浮かび上がらせることができます.

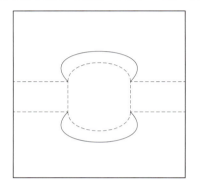

図7-05 | 紙の中央で円柱の形を折り出した様子

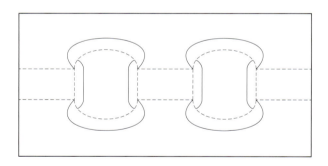

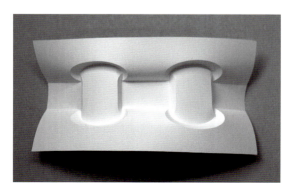

図7-06 | 円柱の形を2本並べた様子

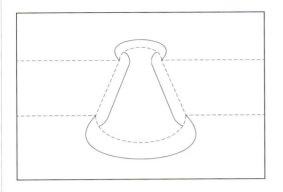
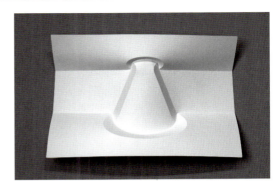

図7-07 | 上下で幅を変えることで、円錐の形を浮かび上がらせた様子

7.3 互い違いに配置する

本書の前半では、同じ形の曲線を並べる例を見てきましたが、ここでは図7-08のように、同じ形の曲線を反転させてから、ずらして配置し、互い違いになるようにしてみます。このままでは綺麗に折れないので、図7-09のように谷折り線を追加します。見方を変えると、5.3節で紹介した円錐の一部を2つ並べたものであると見なすこともできます。これを基本構造として、並べ、連結することで、さまざまな形を作り出すことができます。

このシンプルな構造は、いくつか組み合わせて複雑な形へ発展させることができる便利な部品として使えます。図7-10は、この構造を縦に並べた様子です。左右に円筒の一部が並んだ状態が作り出されます。数を増やして縦に長くしたり、反転して左右につなげることもできます。他の曲線と組み合わせて、新しい形を作ることもできます。

図7-11は図7-09を反転させて並べ、折り線が滑らかに接続するように手を加えたも

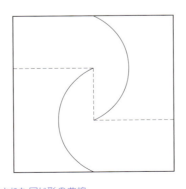

左図 | 7-08 | 互い違いに配置された同じ形の曲線
右2点 | 図7-09 | 谷折り線を追加して折った様子（円錐の一部の組み合わせと見なすこともできる）

のです．キノコのような形を折り出すことができます．これを1つの部品と見立てて，並べてみましょう．図7-12は，横向きにしてから反転し，2つを連結した様子です．明瞭な凹凸を持つ，立体感のある形ができます．図7-12は，さらにこれを4つ並べた様子です．いくつでも並べることができます．

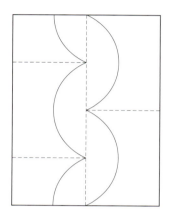
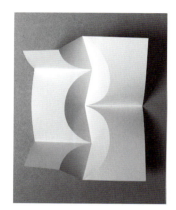

図7-10 | 図7-09を並べた様子

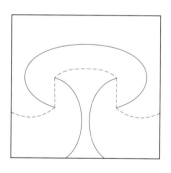

図7-11 | 図7-09を使って作った，新しい折り線のパターン

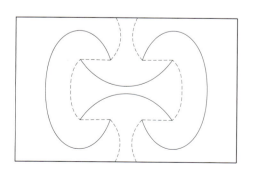

図7-12 | 図7-11を90度回転させてから左右に並べた様子

その他の技法　103

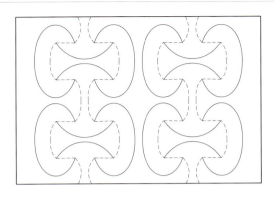
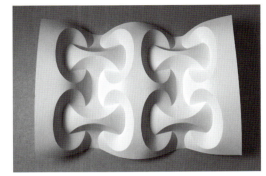

図7-13 ｜ 図7-12の形を4つ並べた様子

7.4 閉じた曲線で折る

輪のようにぐるりと一周まわって元の場所に戻ってくる「閉じた曲線」を綺麗に折ることは難しいですが，中央に穴を作ると折りやすくなります．曲線は，折ると曲がりがきつくなるので，折った形は大きくゆがむことになります．

　図7-14は，異なる半径の円を，中心が一致するようにして描き，山折りと谷折りを交互に割り当てた例です．最も内側の円を切り抜いています．対称性のある形ですが，実際に折ってみると，一部が手前に，一部が奥へ，鞍のような形の状態で安定することを確認できます．図7-15は，大きさの異なる四角形を少しずつ回転させて並べて折った様子です．円の場合と同じように，山折りと谷折りが交互になるようにしています．こちらも同様に，全体をひねるようにすると，凹凸が綺麗に見える形になります．

　このように，円以外にもさまざまな図形を並べて折ることで，面白い形を作り出すことができます．ここで紹介した以外の形でも試してみましょう．

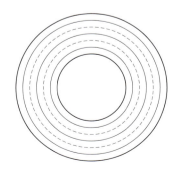
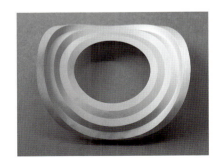

図7-14 ｜ 中央をくりぬき，同心円を折った様子

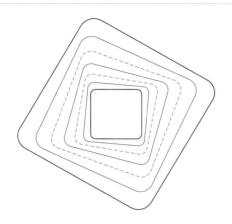

図7-15 | 大きさの異なる四角形を少しずつ回転させて並べ,折った様子

参考

図7-05の円柱の折り出しは,ロイ・イワキ氏の動物のマスクでも,目の部分を作るために活用されています.

図7-09に用いている曲線は放物線ではないですが,2つの放物線が互い違いに向き合ってできる形は,『Designing with Curved Creases (Duks Koschitz 2016)』の中で"parabola gadget"という呼び名で紹介されています.

図7-12と類似する,山谷を交互に同心円状に配置した造形(ただし中央に穴をあけていない状態)はドイツ出身の美術家ヨゼフ・アルバース(Josef Albers, 1888-1976)氏が1927-1928にバウハウスで行った授業の中で,学生が作ったものとして記録が残っています.図7-15はアレクサンドラ・シュシュレ(Aleksandra Chechel)氏による造形として知られているものを参考にしました.

円錐のレリーフ

作例 18

上段, 中段, 下段に, 同じ形の凹凸を並べています. 上段と下段に対して, 中段だけ, 横にずらしてみました. それぞれの折り線を斜めの谷折り線で結ぶことで, 円錐の形がうっすらと現れました.

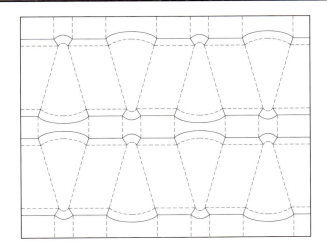

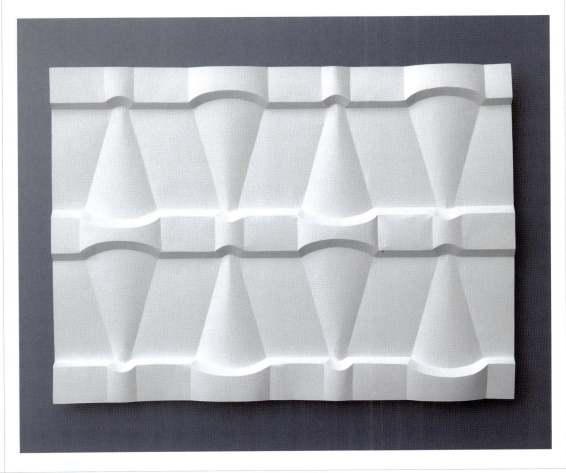

曲線段折りのタイリング

単純な曲線を並べて作る段折りのパターンを敷き詰めました. 中央に直線を配置することで, 円錐の一部が現れるようにしました. シンプルでシャープな形に仕上がりました.

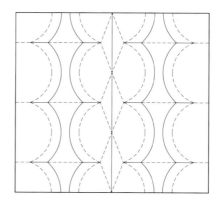

7 その他の技法

ホイール

円柱が折り出されるパターンを円上に6つ配置しました. 円錐状に盛り上がるように, 円柱のパターンの間に, 中心に向かう襞を配置しています. 中央を円の形に切り抜くことで, 制作しやすくしました. 円板型のUFO, またはキッチンの五徳のようにも見えます.

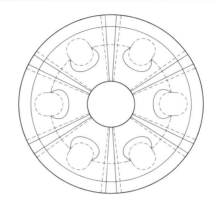

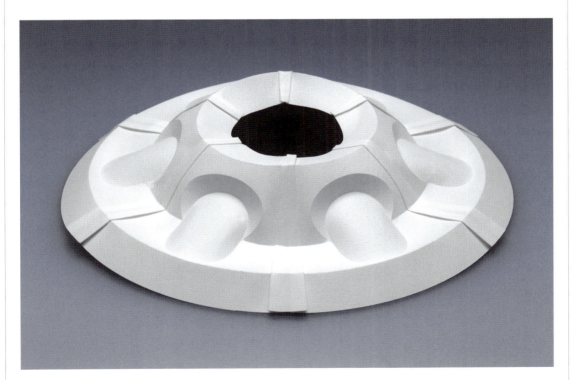

作例 21

枯山水 2

中央に盛り上げを設け, その周囲に波紋が広がるような凹凸を配置しました. 波紋は山折りと谷折りを交互にすることで折り出されます. また, 折り込みの技法を数か所に適用しています. 陰影が枯山水の庭園のように現れる形ができました.

7 その他の技法

円柱部品の変幻

どう表現したらよいのか悩みますが，円柱部品の展開図をベースに曲線を配置して試行錯誤していく中で出てきた形です．展開図から完成形を想像するのは難しいでしょう．目的とした形がなくても，作品が偶然にできあがることがあります．このことは，創作活動の楽しさの1つでもあります．

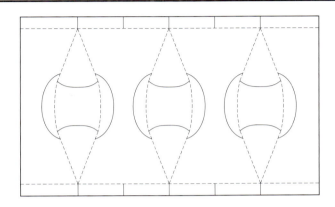

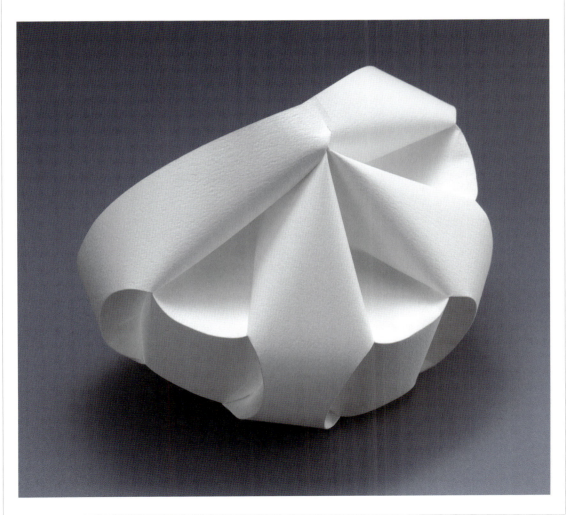

四角形の橋渡し

100ページで紹介した円柱の構造を格子状に配置しました．その結果，縦と横に3列ずつ，計9つの四角形の領域がフンワリと浮かび上がりました．直線の折り線が交差する箇所は，すべて谷折りになっている点が特徴です．このような折り線でも，うまく紙を曲げることで綺麗に折ることができます．

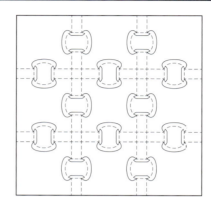

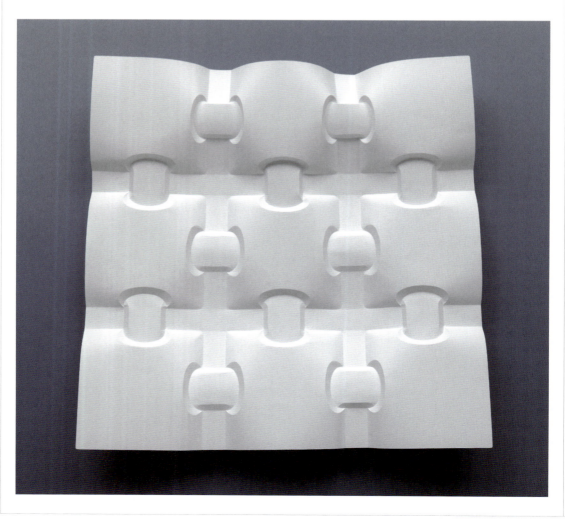

111　7　その他の技法

円筒への彫刻

同じ形の展開図を左右に並べて，円筒に彫刻を施したような形を作ってみました．個々の展開図は，101ページで紹介した，互い違いの弧のパーツを連結して，蛇行する谷折り線がぐるり一周するようになっています．その外側と内側に山折りが配置されることで，曲線を彫ったような溝ができました．

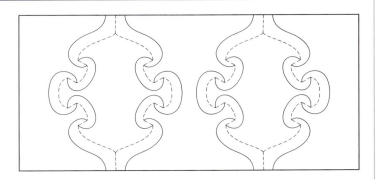

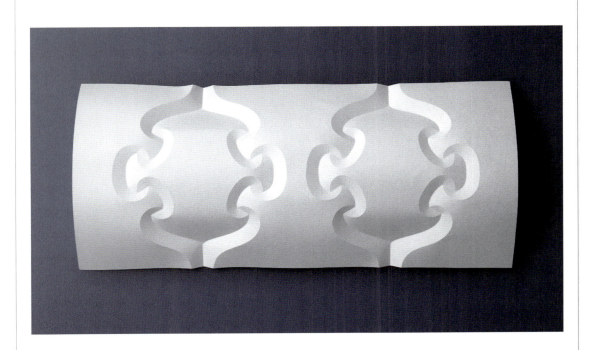

ホイップクリームの例

図7-16は『立体折り紙アート』(日本評論社, 2015)に収録されている作品,「ホイップクリーム」の展開図(作品を内側から見た展開図になっています)と,その写真です.外側に配置されている突起は,7.1節で紹介した,山・谷・谷・山の組み合わせでできています.2.1節で紹介した,山折り線と谷折り線のペアによる段折りを反転して並べたものであると見なすこともできます.この突起を回転対称な構造になるように6つ並べることで,全体が丸みを帯びた形になっています.この形と展開図は,コンピュータを使った計算で求めたものですが,その原理は,これまでに紹介してきた,曲線を並べること,反転させること,回転させて並べること,という基本的なものです.

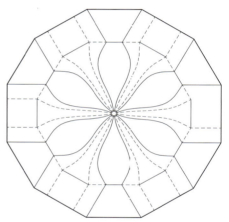

図7-16 | ホイップクリームの形をした作品(『立体折り紙アート』(日本評論社)に収録)

113　　7　その他の技法

理論を知りたい人のために—6

曲線折りの数学

紙を伸縮しない厚さがない素材であるとみなすと, 紙を曲げたり折ったりして作りだされる形は, その幾何学的な制約に基づいて, 数式で表現し, 計算によって求めることができます. しかしながら, 「与えられた曲線を指定された角度で折ると, どのような形になるか」ということは計算できても, これとは逆の問題, つまり「欲しい形を得るための展開図を求めること」は今でも難しい問題です. そもそも, 目的の形が, 紙を折るだけでは作れない場合が多いためです. 1枚の紙で作れるという条件を満たしながら, 欲しい形を設計することは, また別の難しい問題です. その一方で, 美しい形を得るための折り線の配置を見つけ出すためには, 人間の発想力が必要となります. 数式を知っていることが, 意匠性に優れた形を生み出すことには直接つながらないのです.

　本書では, 数式を使用しない設計でも, 魅力的な形をさまざまに作り出せることを示してきました. これまでに紹介できなかった形の創作においても, 数式を必要としない場合が多いでしょう. 実際, 多くのアーティストが数式やコンピュータによる設計を用いることなく, 美しい曲線折りの造形を生み出しています. とくに, 「外周が固定されていない状態の形」を折る場合は, 紙が自然と力の釣り合いが取れた状態に落ち着くため, いろいろ手を動かして実験する中で, 面白い形を見つけ出すことができます.

　しかし一方で, 3DCGやCADソフトで形を設計したり, 解析するためには, 紙の挙動をコンピュータで再現する必要があります. 寸法や固定する点に制約がある場合は, 事前に形状データを構築することが必要になります. そのためには, 数式はなくてはならないものです. 紙で作れる形を事前にディスプレイに表示することができれば, 実際に紙を折るよりも, はるかに効率的に試行錯誤ができます. ここでは, 線織面, 可展面, 曲線での折り形状など, 紙でできる形をコンピュータで扱ったり, 計算で求めるうえで必要となる内容を, 数学的な視点から紹介します. 読者のみなさんには, 直接必要となることは少ないでしょうが, 数学と折り紙の関係を, 少しだけ覗いてみてはいかがでしょう.

曲線

CADやCGなどで曲線を扱う場合, **パラメトリック曲線**を用いることが一般的です. たとえば2次元のパラメトリック曲線では, x および y 座標の値を, **媒介変数** t を含む式で表現します. 次の式 $\boldsymbol{p}(t)$ は半径 r の半円を表します.

$$\boldsymbol{p}(t) = (r\cos(t), r\sin(t)), \qquad 0 \leq t \leq \pi$$

曲線上を動く点の位置が t の値によって定まるため, t の値を変化させることで曲線の形を描くこ

とができます. しかしながら, 接線や法線, 曲率など, 曲線の性質を議論するときには, この媒介変数の値が曲線の長さ (**弧長**) で表されると便利なことが多いです. 以降では, アルファベット t を用いた一般的なパラメータ表現と区別するために, 弧長をパラメータとする場合には, 変数にアルファベット s を用います. 先ほどの半円 $\boldsymbol{p}(t)$ は, 弧長パラメータ s を用いて次のように書き換えることができます.

$$\boldsymbol{p}(s) = (r\cos(s), r\sin(s)), \qquad 0 \leqq s \leqq \pi r$$

一般的に, 任意のパラメトリック曲線を弧長パラメータ表現に書き換えることは簡単でありませんが, 弧長パラメータ表現が難しい曲線をコンピュータで扱う場合には, 数値計算による近似表現で代用します.

接線・主法線・従法線

弧長パラメータ表現された曲線 $\boldsymbol{p}(s)$ の**接線ベクトル**は, $\boldsymbol{p}$ を一階微分することで求まります. これを再度微分して求まる加速度ベクトルのことを**主法線**と呼び, 接線と主法線ベクトルの外積を**従法線**とよびます. それぞれを, Tangent Vector (接線ベクトル), Normal Vector (主法線ベクトル), Binomial Vector (従法線ベクトル) の頭文字を取って, $\boldsymbol{T}$, $\boldsymbol{N}$, $\boldsymbol{B}$ と表記することが一般的です. 曲線と, それぞれのベクトルの関係は図7-17のようになります. 主法線ベクトル $\boldsymbol{N}$ は, 次項で述べる**曲率円**の中心を指します. 各ベクトルを単位ベクトルとすると, 次のように表されます.

$$\boldsymbol{T} = \boldsymbol{p}'$$

$$\boldsymbol{N} = \frac{\boldsymbol{p}''}{|\boldsymbol{p}''|}$$

$$\boldsymbol{B} = \boldsymbol{T} \times \boldsymbol{N}$$

$\boldsymbol{p}'$ は $\boldsymbol{p}(s)$ の一階微分を, $\boldsymbol{p}''$ は二階微分を表します. 弧長パラメータで表現された曲線の微分は単位長さになるので $|\boldsymbol{p}'| = 1$ です.

7 その他の技法

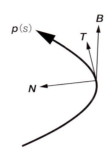

図7-17 | 空間曲線の接線(**T**), 主法線(**N**), 従法線(**B**)

曲率

曲線上のある点において, その曲線がどの程度曲がっているかを表す値のことを**曲率**と言い, そこに接する円(**曲率円**)の半径の逆数で表されます. 図7-18に示すように, 緩やかに曲がっている場所には大きな円が接し, その結果, 曲率は小さな値を取ります. 半径 r_0 の円が接する点 p_0 では, 曲率は $\frac{1}{r_0}$ となります. 一方で, 急激に曲がっている場所には小さな円が接するため, 曲率は大きな値を取ります. 半径 r_1 の円が接する点 p_1 では, 曲率は $\frac{1}{r_1}$ です. 点 p_2 のように直線部分は曲率がゼロである一方, 点 p_3 のように滑らかではない場所に曲率は定義されません. 曲率が一定の曲線は円になります.

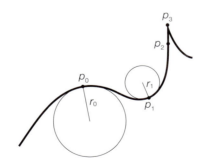

図7-18 | 曲線の曲率

捩率(れいりつ)

3次元空間において, 曲線の平面からの離れ具合を示したものが**捩率**です. 図中, C_0 は平面に乗っている曲線で, 捩率はゼロです. それ以外の曲線はらせん形状をしていて, 平面から離れるように進むので, 捩率はゼロ以外の値を持ちます. 平面から最も速く離れる C_2 が最も大きい捩率を持ち

ます．右ネジの方向に進むC_1とC_2の捩率は正の値を取り，これらとは反対の方向に進むC_3の捩率は負の値を取ります．

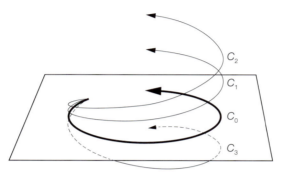

図7-19 | 異なる捩率の曲線

弧長パラメータsで表した曲線を$\boldsymbol{p}(s)$とすると，捩率$\tau(s)$は，

$$\tau(s) = -\boldsymbol{b}'(s) \cdot \boldsymbol{n}(s)$$

で与えられます．

$\boldsymbol{n}(s)$は主法線ベクトルで

$$\boldsymbol{n}(s) = \frac{\boldsymbol{p}''(s)}{|\boldsymbol{p}''(s)|}$$

$\boldsymbol{b}(s)$は従法線ベクトルで

$$\boldsymbol{b}(s) = \boldsymbol{p}'(s) \times \boldsymbol{n}(s)$$

です．

ガウス曲率

曲面がどの程度曲がっているかを表す値が**ガウス曲率**です．一般にガウス曲率は主曲率の積であ

る，と説明されますが，図7-20を用いて直感的に説明します．点 p における法線ベクトル $\boldsymbol{N}_p$ を曲面上に立てます．図では，このベクトルを含む平面 π と，もとの曲面との交線を太線で示しています．点 p における，この交線の曲率は，平面 π をどのようにとるかによって変化します．平面 π を，法線ベクトル $\boldsymbol{N}_p$ を中心として回転させて，符号付きの曲率の変化を観察したときに，曲率が最大となるときと，最小となるときの値の積が，ガウス曲率となります．図7-21に示すように，曲面の曲がり方によって符号が変わります．球面はガウス曲率が正で，鞍点においては曲率が負になります．紙を曲げて作ることができる曲面は，ガウス曲率がゼロの曲面に限られます．

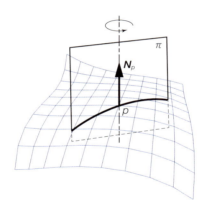

図7-20｜曲線の曲率

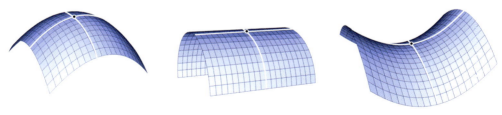

図7-21｜ガウス曲率の正負（左から順にガウス曲率の値は正・ゼロ・負となる）

線織面[*4]

線織面は直線が空間を移動した軌跡によって作り出される曲面の1つです．もう少し正確には，空間における直線の位置が1つの媒介変数によって連続的に変わるときに，その軌跡によって作られる曲面のことをいいます．直線がどのように移動するかを表すために，滑らかなパラメトリック曲線

$p(s)$ を導入し，この曲線に沿って直線が移動するものとします．パラメータ s の値を定めると，直線が常に1つだけ定まるということです．このときの直線の向きを単位ベクトル $e(s)$ で表すと，直線上の点の位置は次式で表され，これがそのまま線織面のパラメトリック表現となります．

$$X(s, t) = p(s) + t \cdot e(s) \quad \cdots\cdots\cdots\cdots ①$$

t は，直線上の位置を定めるパラメータです．このようにして，線織面は，2つのパラメータ s, t の関数として表すことができます．

紙を曲げて作ることができる形は直線を並べて作ることができるので，線織面に属します．一方で，あらゆる線織面を紙で作れるわけではありません．図は線織面の1つである**双曲放物面**です．p および q がねじれの位置にある直線を表すとすると，双曲放物面は $X(s, t) = p(s) + t(q(s) - p(s))$ で表されます．これは1枚の紙を曲げて作ることはできません．

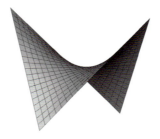

図7-22 | 双曲放物面

可展面

可展面は，平面への等長変換が可能な曲面のことで，伸縮せずに平面に変形できる曲面を表します．まさに，紙を曲げることでできる曲面と言えます．折り目のない，滑らかな曲面のみを対象とするのが一般的です．可展面は直線エレメントの集合で構成されるため，線織面でもあります．図7-23に示すように，可展面に含まれる直線エレメント上では，その法線の向きが一定であるという性質があります．また，可展面上のあらゆる点でガウス曲率がゼロです．曲面上の**測地線**(2点間を最短距離で結ぶ曲線)を $p(s)$ とすると，可展面は式②で表されます．よく見ると式①と同じ形をしていることからも，可展面が線織面の1つであることを確認できます．

$$X(s,t) = p(s) + t \cdot \frac{p''(s) \times p'''(s)}{|p''(s)|^2} \quad \cdots\cdots\cdots\cdots ②$$

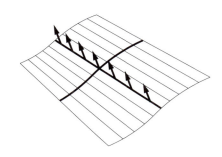

図7-23 | 可展面と直線エレメント. 直線エレメント上では法線の向きが一定

　すべての直線エレメントが定点を通るものを**錐面**, すべての直線エレメントが平行であるものを**柱面**と言います. また, 直線エレメントが3次元曲線の接線で構成されるものを**接線曲面**と言います. 可展面は, この錐面, 柱面, 接線曲面の3種類に分類されます.

曲線での折り

曲線での折り線と直線エレメントの方向, 折り角度の関係は次の式で表されます[*5].

$$\kappa_{2D}(s) = \kappa(s)\cos\alpha(s) \quad \cdots\cdots\cdots\cdots ③$$

$$\cot\beta_L(s) = \frac{\alpha(s)' - \tau(s)}{\kappa(s)\sin\alpha(s)} \quad \cdots\cdots\cdots\cdots ④$$

$$\cot\beta_R(s) = \frac{-\alpha(s)' - \tau(s)}{\kappa(s)\sin\alpha(s)} \quad \cdots\cdots\cdots\cdots ⑤$$

　$\kappa_{2D}(s)$は平面に描かれた折り線の曲率, $\kappa(s)$と$\tau(s)$は折ったあとの折り線(空間曲線となります)の曲率と捩率, $\alpha(s)$は折り角, $\beta_L(s)$と$\beta_R(s)$は展開図上での直線エレメントと曲線の成す角です[図7-24].
　式③から, 折ったあとにできる3次元の曲線の折り線の方が, 平面で定義された曲線よりも曲率

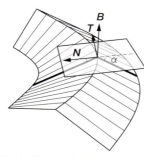 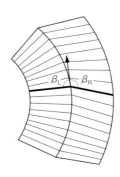

図7-24 | 曲線での折りと直線エレメント

が大きいことがわかります。つまり、元の曲線よりも、折ったあとの曲線の方が大きく曲がっているのです。また、折り角が大きくなると、曲率がより大きくなります。021ページで紹介したように、折り角を大きくすると、大きく曲がるということです。

式④、⑤から、直線エレメント、折り角度の変化、捩率の関係がわかります。例えば、折ったあとの曲線の捩率がゼロ、つまり平面にのる曲線であって、折り角が場所に依らず一定($\alpha'(s)=0$)のときは$\cot\beta_L(s)=\cot\beta_R(s)=0$なので、直線エレメントが展開図上の曲線の接線と直交することがわかります。これはつまり、曲線を大きく捩じらず、折り角が場所によって変化しないようにした場合(紙が作る自然な状態とした場合)、直線エレメントは曲線にほぼ直交するように配置されることを意味します。

*4 「せんしきめん」「せんしょくめん」のどちらにでも読まれます。
*5 この表現は、次の文献で紹介されているものを使っています。
Tomohiro Tachi. "One-DOF Rigid Foldable Structures from Space Cueves." in Proceedings of the IABSE-IASS Symposium 2011. London, UK. September 20-23, 2011.

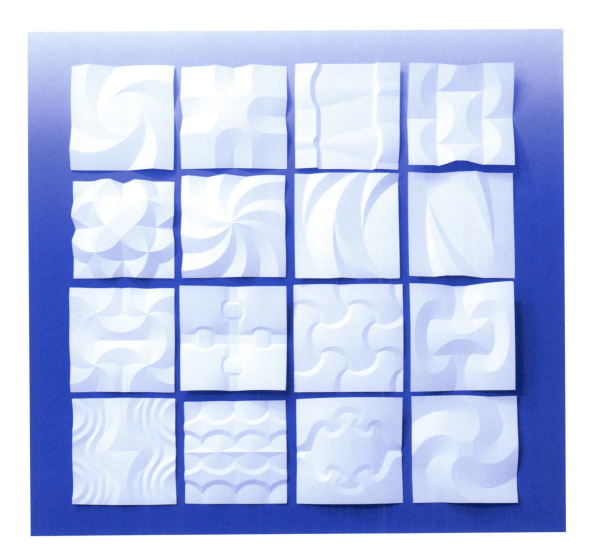

おわりに

本書では曲線で紙を綺麗に折るための技法を，たくさんの写真と作例を交えて紹介しました．展開図だけを見ると，数本の曲線から構成されるシンプルなものも多いですが，これらの作例を準備する過程では，数多くの試行錯誤が必要でした．全体の構成を考えて文章を書くことと，新しい折り方を見出すことが，まさに同時進行で進む，ワクワクする作業でした．

　本書でははじめに，1本の曲線だけでも多様な形を作り出せることを示しました．幅を細くすることで，編み込みのようなものができることは，私にとっても新しい発見でした．また，折り込みを含む作例では，フリーハンドで折り線を描く作品づくりに挑戦し，そこに現れる折り線の躍動感に，私自身が驚かされました．最後の章にまとめた技法のうちの，互い違いに弧を配置する方法は，応用範囲が広く，新しい作品作りに大いに貢献しました．

　本書を執筆する以前，私の折り紙設計のスタイルはコンピュータによる計算で完成形と展開図を作り出し，それを実際に折って確認する，というものでしたが，本書で紹介したアプローチは，折ってみるまで結果が分からないという，まさに先の見えないものでした．そのため，たくさんの失敗も経験しましたが，それと同時に多くを学ぶことができました．このことを通し，曲線で折る折り紙の奥の深さを再確認しました．計算で求まる形がある一方で，まだまだ簡単には数式で表現できないものもたくさんあることを認識しました．理論に基づく設計と，直感と経験に基づく設計が互いに影響を与えながら，さらなる発展の可能性がありそうです．

　折り紙を楽しむには，何はなくとも，とにかく手を動かしてみることが重要です．手を動かす過程で，新しい発見があります．少しずつ変化する紙の形が，連続的に，または突発的に変わる，美しい陰影を生み出します．その様を文章で伝えることは困難です．皆さんが，自分の手を動かしてみるしかないのです．

　本書を通して，曲線で折る折り紙の魅力の一端を感じてもらい，曲線で折る折り紙の世界へ第一歩を踏み出すきっかけとしていただけたら，これに勝る幸せはありません．

参考文献

・日本応用数理学会，折紙の数理とその応用，共立出版，2012

・小林昭七，曲線と曲面の微分幾何，裳華房，1995.

・三谷純，立体折り紙アート，日本評論社，2015

・Iwaki, T. Roy. 2010. The Mask Unfolds. Cavex Round Folding. Artisans Gallery. Accessed at
http://www.caroladrienne.com/roy_iwaki/the_NEW_FOLD/THE_MASK_UNFOLDS.html

・Duks Koschitz, Designing with Curved Creases, in Advances in Architectural Geometry
2016.
https://vdf.ch/advances-in-architectural-geometry-2016-e-book.html

・Tomohiro Tachi. "One-DOF Rigid Foldable Structures from Space Curves." in Proceedings of
the IABSE-IASS Symposium 2011, London, UK, September 20-23, 2011.

・Robert J. Lang, Twists, Tilings, and Tessellations: Mathematical Methods for Geometric
Origami, A K Peters/CRC Press, 2018.

三谷 純

筑波大学システム情報系教授. コンピュータ・グラフィックスに関する研究に従事.
1975年静岡県生まれ. 2004年東京大学大学院博士課程修了, 博士 (工学).
2005年理化学研究所研究員, 2006年筑波大学システム情報工学研究科講師. 2015年より現職. 日本折紙学会評議員. 2006年～2009年に科学技術振興機構さきがけ研究員として折り紙の研究に従事. コンピュータを用いた折り紙の設計技法などに関する研究を行っている. 子どものころから紙工作とコンピュータが大好きで, それがそのまま現在の研究テーマにつながっている. 主な著書に『ふしぎな球体・立体折り紙』『立体ふしぎ折り紙』(二見書房),
『立体折り紙アート』(日本評論社) がある.

曲線折り紙デザイン
曲線で折る7つの技法

2018年7月30日　第1版第1刷発行

著者　　　　　三谷 純
発行者　　　　串崎 浩
発行所　　　　株式会社 日本評論社
　　　　　　　〒170-8474 東京都豊島区南大塚3-12-4
　　　　　　　電話 03-3987-8621 [販売]　03-3987-8599 [編集]

印刷　　　　　藤原印刷
製本　　　　　難波製本

カバー＋本文デザイン　粕谷浩義 (StruColor)
カバー＋作例写真　　　奥山和久

©MITANI Jun 2018 Printed in Japan
ISBN978-4-535-78866-4

JCOPY 〈(社) 出版者著作権管理機構 委託出版物〉
本書の無断複写は著作権法上での例外を除き禁じられています. 複写される場合は, そのつど事前に, (社) 出版者著作権管理機構 (電話：03-3513-6969, FAX：03-3513-6979, e-mail：info@jcopy.or.jp) の許諾を得てください. また, 本書を代行業者等の第三者に依頼してスキャニング等の行為によりデジタル化することは, 個人の家庭内の利用であっても, 一切認められておりません.

立体折り紙アート
数理がおりなす美しさの秘密

三谷 純

● B5判 ● 本体2000円＋税 ● ISBN978 - 4 - 535 - 78775 - 9

コンピュータを使って設計された、最先端の折り紙作品の数々。折って楽しむだけでなく、設計の秘密まで知ることができる。新たな折り紙世界への扉を開く、三谷折り紙の集大成。
https://www.nippyo.co.jp/rittai_origami/

序章　折り紙の基礎知識
chapter 1　軸対称な立体折り紙
chapter 2　軸対称な立体折り紙の拡張
chapter 3　軸対称な立体折り紙の連結
chapter 4　鏡映反転の活用
chapter 5　鏡映反転の応用
chapter 6　ボロノイ折り紙
chapter 7　さまざまな折り紙デザイン

折る幾何学
約60のちょっと変わった折り紙

前川 淳

● B5判 ● 本体2000円＋税 ● ISBN978 - 4 - 535 - 78799 - 5

ファン待望、前川淳の作品集。一見変わった折り紙の数々とその解説とから、幾何学に裏打ちされた「折る楽しさ」が味わえます。

第1章 展開図折り
穴のあるラッピングペーパー／立方体の中の双曲放物面／爬虫類／アワーグラス・プリズム／神明鳥居 ほか

第2章 ユニット折り紙
アルバース・ボックス／ボウタイ・ユニット／ボロミアン・キューブ／正十二面体／ジグザグ分割立方体 ほか

第3章 小品集
CD包み／ダビデの星／フシミ・キューブ／四角い卵／イリュージョン・キューブ／サカナの枡 ほか